CATERPILLAR

하루 한 권, 애벌레의 신비

모리 아키히코 지음 김나정 옮김

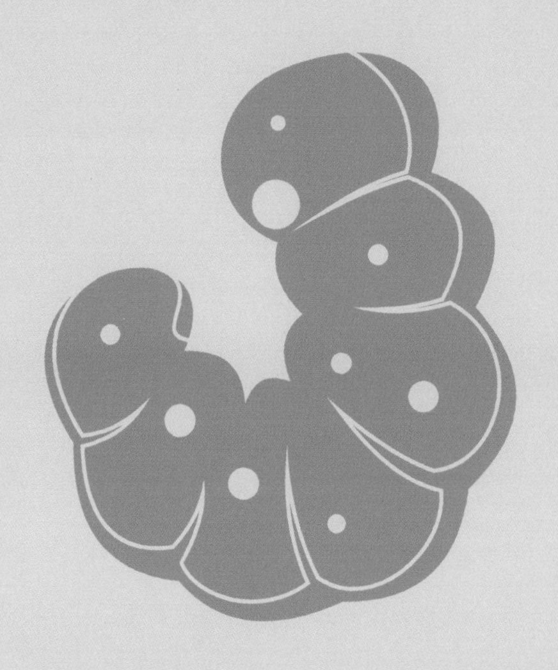

날개를 펴기까지 치열하고도 아름다운 생애

모리 아키히코

1969년 출생. 과학 저널리스트이자 원예가, 자연 사진가다. 일본 간토 지방에서 주로 활동하며 식물과 동물의 독특한 상관관계에 대해 연구한다. 저서로는 『身近なムシのびっくり新常識100우리에게 친근한 벌레의 놀랄 만한 새로운 상식 100』〈サイエンスアイ新書〉, 『身近な雑草のふしぎ우리에게 친근한 잡초의 신비』 ,『身近な野の花のふしぎ우리에게 친근한 야생화의 신비』, 『うまい雑草、ヤバイ野草맛있는 잡초, 위험한 들풀』〈SBクリエイティブ〉이 있다. 국내에 번역된 도서로는 『하루 한 권, 채소身近な野菜の奇妙な話』〈드루〉가 있다.

들어가며

이 책은 독특한 구성으로 만들어진 과학책입니다. 요즘은 도감이나 핸드북 형태의 도서가 워낙 잘 나오지만, 이 책은 도감식 도서와 확연히 다릅니다. 우리 주변에 있는 애벌레 100여 종을 소개함과 동시에, '우리 가까이에 있는 자연의 독특함'을 경험할 수 있도록 생태학적, 박물학적 관점에 초점을 맞춰 해설했습니다. 이 책은 성인을 위한 가벼운 과학서로, 그동안 이러한 도서가 없었다는 점 또한 놀랍습니다.

그렇다면, 가장 먼저 일본의 나비목(인시목)이 몇 종류나 있는지 소개하고 싶군요. 일시적으로 발생한 종, 즉 미접 나비를 제외한 토착 나비의 수는 215종입니다. 나방은 소형 나방류 3,300종, 대형 나방류 2,771종으로 총 6,071종에 달합니다. 『日本産蝶類標準図鑑)일본산 나비류 표준 도감』에는 나방류가 4,535종인 것으로 기록되어 있지만, 나방만 세어 보아도 근 30년 동안 약 1,500종이 새롭게 늘었습니다. 여전히 이름 붙여야 할 표본이 무척 많지요.

최근에는 많은 사람이 이 분야에 관심을 기울이고 있습니다. 그들은 새로운 정보에 발 빠르게 대응하며 적극적으로 새로운 지식을 넓혀갑니다. 여러분의 풍부한 지식과 통찰력, 그리고 무엇보다 뛰어난 모험심이 큰 도움이 되는 과학 분야라고 할 수 있습니다.

이 책은 아래와 같이 구성되어 있습니다.

제1장에서는 특이한 재능을 가진 종의 모습과 삶의 방식을 소개합니다.

제2장에서는 생리학과 생화학을 기반으로 애벌레의 '생명 구조'에 대해 설명합니다.

제 3장부터는 삶의 방식이 독특한 종을 소개합니다. 일본 혼슈의 도시와 교외에서 만날 수 있는 일반종이지만, 알면 알수록 흥미로운 종입니다.

우리는 종종 일상에서 소박한 감동이나 감탄을 느끼고는 합니다. 이것이야말로 각자의 학문 세계를 넓히는 날개가 아닐까요? 전문적인 학술 문헌이나 전문 도감도 우선 체험이 있어야 그 진가가 빛을 발하게 되니까요.

이 책에 실을 사진을 고를 때는 실물 크기와 무관하게, 해당 종의 특징이나 자연의 아름다움이 잘 드러나는 것으로 선택했습니다. 우리에게 친숙한 종은 평소에는 잘 몰랐던 부위나 질감이 느껴질 수도 있습니다. 사진을 보고 처음 알게 되는 사실도 적지 않으리라 생각합니다.

또한, 독자 여러분의 순수한 호기심을 저버리지 않도록 난해한 용어를 나열하지 않았습니다. 최대한 쉽게 표현하고 해설하기 위해 노력했다는 점을 기억해 주세요. 설명이 조금 부족한 부분도 있겠지만, 이 책을 기점으로 전문 문헌을 찾아보게 된다면 그 재미가 더욱 각별해질 것이라고 확신합니다.

'가나가와현립 생명의 별 · 지구 박물관神奈川県立生命の星 · 地球博物館'의 학예사 와타나베 교헤이渡辺恭平씨께 큰 도움을 받아 특별히 감사의 말씀을 드리고 싶습니다.

'국립 과학 박물관国立科学博物館'의 진보 우쓰보神保宇嗣씨(동물연구부), '군마현립 군마 곤충의 숲群馬県立ぐんま昆虫の森'의 가나스기 다카오金杉隆雄 씨(곤충 전문가), '식용 곤충 과학 연구회食用昆虫科学研究会'의 사에키 신지로佐伯真二郎씨께서는 전문지식과 관련해 많은 도움을 주셨습니다.

사쿠라이 가오루櫻井薫 씨, 사쿠라이 후미櫻井文 씨, 무카이 야스하루向井康治 씨, 혼다 유지本多祐二 씨, 혼다 사쿠라本多さくら 씨, 구와하라 마모루桑原衛 씨, NPO 법인 비눗방울회NPO 法人しゃぼん玉の会 여러분께서 귀중한 자료를 제공해 주셔서 개인적인 연구 면에서도 큰 도움을 받았습니다.

귀중한 생태 사진을 제공해 주신 분들께도 이 자리를 빌려 감사의 말씀 드립니다.

식탁마저 점령한 채집통을 일 년 넘게 견뎌 준 가족에게도 고마움을 전합니다. 덕분에 두 살짜리 딸이 애벌레를 만지고 관찰하는데 푹 빠졌더군요. 아내의 얼굴에 불안함이 가득했습니다만, 그런 일상도 꽤 괜찮았습니다.

마지막으로, 이 책을 읽어 주시는 독자 여러분께 진심으로 감사의 말씀을 전합니다.

모리 아키히코

목차

제3장 화려한 생태계

3-1 나비의 화려한 진화

3-2 나방의 예술과 특이한 능력

3-3 현재 세력 확장 중

3-4 수재, 귀재들의 향연

memo

제 1 장

생명의 기상천외함과 신비로움

애벌레는 귀여운 얼굴 뒤에는 3천만 년의 지혜가 숨어 있습니다. 천적을 농락하는가 하면 덫을 놓고, 물가에서 헤엄치는가 하면 하늘을 날지요. 자연 속에서 고군분투하며 살아가는 기구하고 신비로운 애벌레의 삶을 알아봅시다.

마법의 칵테일 레시피
담흑부전나비①

담흑부전나비 애벌레의 크기는 짚신벌레와 닮았습니다. 2센티미터가 채 되지 않지요. 하지만 이렇게 작은 몸집 안에 다른 집단을 움직이는 힘과 능력이 있다면 믿을 수 있을까요?

풀숲에서 갓 태어난 애벌레는 양분을 얻기 위해 식물의 이파리가 아니라 식물에 붙은 진딧물로 기어갑니다. 진딧물은 식물에서 영양액을 흡수하고 남은 액체는 엉덩이 뿔로 배출하는데 액체에는 수분과 당분 아미노산 등이 포함되어 있습니다. 담흑부전나비의 애벌레는 이것을 빨아 먹으며 자랍니다.

애벌레는 한두 번 정도의 탈피를 거친 뒤, 새로운 생물을 향해 나아갈 계획을 실행합니다. 그 방법은 무척이나 대범합니다. 흉포하고 성질이 급한 왕개미를 유혹해 개미굴의 중심부에 잠입하고는 것이죠. 잠입하고 난 다음에는 '나를 키워줘'라며 애교를 부립니다. 신기한 것은 왕개미에게 이 계획이 통한다는 사실입니다.

왕개미 입장에서 애벌레는 단백질이 많은 고급 요리입니다. 그러나 담흑부전나비의 애벌레는 먹잇감이 되지 않도록 개미에게 선물을 바칩니다. 마치 진딧물이 개미를 유혹하듯이 엉덩이에 달린 작은 돌기에서 달콤한 칵테일을 뿌립니다. 개미는 이것을 맛보고 황홀함에 빠져 지하 깊은 곳의 대제국으로 애벌레를 안내합니다.

개미를 유혹한 칵테일의 정체는 바로 글리신과 포도당입니다. 아미노산의 일종인 두 물질이 1:4 비율로 배합되어 있지요. 밝혀진 바에 따르면 배합의 비율이 달라지면 개미는 전혀 흥미를 보이지 않습니다. 담흑부전나비 애벌레의 생존 비법은 여기서 끝이 아닙니다.

일단 한 잔 마시고 시작하자 (사회 친화적 생물)

담흑부전나비
부전나비과
Niphanda fusca

건강하게 부화한 애벌레는 식물의 이파리에는 관심조차 없다.
진딧물의 서식지로 진입해 이들의 분비물인 감로甘露를 모유 삼아 먹고 자란다.

진딧물의 일종

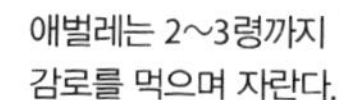

애벌레는 2~3령까지
감로를 먹으며 자란다.

이후 몸속에서 칵테일을 만들어낸다. 2~3령이 되면 칵테일을 뿌릴 수 있게 되는데 이때 왕개미에게 다가가 마법의 칵테일로 유혹한다.

왕개미를 유혹하기 위해서는 글리신과 포도당의 비율을 1:4로 하는 것이 중요해요. 이 비율이 아니라면 왕개미는 전혀 관심을 보이지 않을 거예요.

제국 잠입을 위한 위장술
담흑부전나비②

마법의 칵테일을 줬다고 해도 상대방이 개미라면 마음을 놓을 수 없습니다. 그래서 담흑부전나비 애벌레는 화학으로 위장하지요.

개미는 가족마다 서로 다른 고유의 체취를 지니고 있습니다. 냄새가 조금이라도 다르면 상대방의 목숨을 자비 없이 빼앗아 갑니다. 이들은 더듬이를 통해 몸 표면에 있는 서로의 체취를 확인합니다. 물론 담흑부전나비 애벌레는 당연히 그들만의 체취를 풍기겠지요. 그러나 이 애벌레들이 개미굴에 들어가면 24시간에서 48시간 이내에 탄화수소의 구성 비율이 바뀌어 개미와 같은 체취를 풍길 수 있게 됩니다. 정확한 원인은 밝혀지지 않았지만 이때 담흑부전나비 애벌레에게 수컷 개미의 체취가 난다고 합니다. 애벌레에게 개미의 체취를 맡은 일개미들은 맛있는 식사를 열심히 대접합니다.

애벌레는 이 천재적인 사기 수법이 우화[1]와 동시에 없어진다는 사실을 알고 있습니다. 그 증거로 개미가 겨울잠을 자는 시기를 노린 애벌레는 한산한 개미굴 출구로 이동한 뒤에 번데기가 되어 잠이 듭니다. 봄이 되면 개미는 닫혀 있던 대문을 열고 애벌레는 서둘러 우화를 진행합니다. 이때만큼은 체취를 속일 수가 없어서 머뭇거리는 순간 먹잇감이 될 수 있기에 죽을힘을 다해 도망쳐야 합니다. 몰래 온 손님 노릇도 그리 쉬운 일은 아닌 것 같습니다.

이렇게까지 교묘한 진화를 거듭해 왔는데도 불구하고 담흑부전나비는 현재 멸종 위기종입니다. 왕개미나 배추흰나비처럼 번성해도 이상하지 않지만 멸종 위기에 처해 있다는 사실은 진화의 의의와 자연의 조화 측면에서 생각할 때 무척 흥미롭습니다.

자연에는 다음 소개할 생물처럼 무시무시한 약탈자도 있습니다.

---

1 羽化: 번데기에서 날개 달린 성충이 됨

목숨을 건 위장술

개미는 혈연관계를 무척 중시하는데, 엄청난 근시여서 바로 앞에 상대방이 있어도 그것이 누구인지 분간하지 못한다. 따라서 체취를 통해 상대방을 식별한다(16쪽에서 자세히 해설).

가족만의 암호는 몸 표면에 있는 탄화수소의 구성 비율이다.

담흑부전나비는 바로 이 구성 비율을 해독하는 능력이 있다.

3령의 담흑부전나비 애벌레는 개미굴 안에 침입해 화학 위장에 나선다.

살 떨리는 시간. 조금이라도 위장에 실패한다면 개미의 먹잇감이 되고 만다.

A
C24 C26 C28 C30 C32 C34 C36
B
C24 C26 C28 C30 C32 C34 C36

A: 2령 애벌레. 몸 표면에 있는 탄화수소의 구성 비율이다(개미굴에 들어가기 전).

B: 수컷 개미. 몸 표면에 있는 탄화수소의 구성 비율 개미굴에 들어간 담흑부전나비의 애벌레는 24~48시간 만에 구성 비율을 이렇게나 변화시킬 수 있다.

개미 사회에 기생하는 나비 애벌레는 전 세계에 200종가량 존재하는 것으로 알려져 있다.

담흑부전나비 애벌레의 암호 해독 능력은 인간보다 훨씬 뛰어나다.

베이비시터의 얼굴을 한 포식자
고운점박이푸른부전나비①

한국과 사할린, 중국, 일본 각지에 서식하는 고운점박이푸른부전나비 애벌레는 숨어서 살아갑니다. 고운점박이푸른부전나비는 담흑부전나비와 다르게 먹이를 직접 조달하는데, 그 방법이 무서울 정도로 정교하고 치밀합니다.

부화를 마친 애벌레는 다른 종과 마찬가지로 부모가 남겨준 터전에서 자랍니다. 참고로 고운점박이푸른부전나비의 터전은 오이풀로, 3령 애벌레가 되면 터전을 벗어나 지면에 내려옵니다. 주변을 살피고 탐색하는 방법을 배우게 되지요. 이들에게는 대모험이 아닐 수 없습니다.

대개 사람들이 그렇듯 이들도 삶에 필요한 파트너를 찾아 헤맵니다. 다만, 고운점박이푸른부전나비의 파트너는 희생자라는 이름으로도 불리지요. 한번쯤 들어봤을지도 모를 희생자의 이름은 바로 유럽불개미입니다. 우리 주변에서 흔하게 볼 수 있지요. 운명의 만남이 이루어졌을 때, 애벌레는 엉덩이에서 프러포즈 반지 대신 꿀을 내밉니다. 그 달콤한 감로에 취한 개미는 보물을 주운 것처럼 덩실거리며 애벌레를 개미굴로 안내하지요.

땅속 5~10센티미터의 개미 제국에 도착한 애벌레는 절묘한 타이밍에 칵테일을 뿌립니다. 개미는 그저 마실 뿐이지요. 참고로 정말 마시기만 합니다. 애벌레에게 먹이를 가져다주는 행동은 하지 않지요. 어쩔 수 없는 것인지 아니면 애초부터 기대하지 않았던 것인지는 알 수 없으나 어쨌든 애벌레는 움직이기 시작합니다. 개미의 신생아실 입구에서 안쪽 상황을 들여다보며 '바빠 보이는군요. 뭐 도울 일 없을까요?'라는 얼굴로 신생아실에 들어갑니다. 그리고 새끼 개미를 껴안고 덥석 물어버립니다. 내장을 빨린 새끼 개미는 바람이 빠진 풍선처럼 쭈글쭈글해져 쓰러집니다.

처음에는 식사의 양이 많지 않지만 다 자랄 때 즈음이면 폭식 횟수가 늘어납니다. 그러면 어떻게 될까요? 엄청난 대가족이 아닌 이상 개미 가족은 없어지고 맙니다.

 약탈자의 포식 기술

고운점박이푸른부전나비
부전나비과
Phengaris teleius

부화한 후 얼마간은 오이풀 꽃을 먹으면서 '스스로 생활'한다.
3령을 맞이하면 오이풀에서 내려와 '희생자'를 찾아 나선다.
삶의 방식이 무척 기묘해서 전 세계의 학자들이 매료됐다.

개미는 애벌레의 칵테일을 좋아하지만
먹이를 주지는 않아요.
그저 '바텐더'로 채용해서
가끔 칵테일을 즐길 뿐이지요.

배가 고픈 애벌레는 스스로
신생아실을 찾아간다.

'뭐 도울 일 없을까요?'하는
얼굴을 하고서….

이런 생활을
1년 이상
지속합니다.
개미는 왜
반격하지
않는
걸까요?

암호 해독의 전문가
고운점박이푸른부전나비②

다른 생물의 사회에 잠입해 살아가는 방식은 주도면밀한 계획과 준비에 비해 얻는 것이 많지 않습니다.

엄청난 근시인 개미는 시각이 아닌 체취로 상대방을 식별하는데, 거기에 더해 진동 신호도 함께 이용합니다. 배를 문지르거나 엉덩이로 지면을 치는 등의 복잡한 암호를 사용해서 가족 사회를 지키지요. 그런데 부전나비의 애벌레는 암호를 해독하는 데 성공합니다. 그 예로 주변에서 흔히 볼 수 있는 뾰족부전나비(104쪽)가 작은 소리를 낸다는 것이 밝혀진 바 있습니다.

그렇지만 이들에게도 어려움은 있습니다. 무사히 개미굴에 들어가더라도 20~40% 정도는 개미의 먹잇감이 됩니다. 체취를 완벽하게 따라 하지 못했다든지, 본래의 파트너가 아닌 개미에게 끌려가는 경우가 생기기도 합니다. 인간 사회에서도 비슷한 불행이 일어나는 것처럼 말입니다.

예를 들어 유럽 지역의 고운점박이푸른부전나비 애벌레는 주로 네 종류의 개미가 애벌레를 양자로 들인다고 합니다. 토리노 대학교의 연구팀에 따르면 유복하고 근면한 개미와 그렇지 않은 개미는 양자를 대하는 태도에서 큰 차이가 있다고 합니다. 전자의 개미 가족과 만난 애벌레는 살아남게 되지만 후자의 경우에는 죽음을 맞이하게 됩니다. 고운점박이푸른부전나비의 경우에는 개미굴에서 11~23개월이나 되는 기간을 보냅니다. 개미 가족도 그동안 가정 형편이 바뀌기도 하겠지요. 개미 가족의 생활이 어려워지면 우수한 바텐더는 실직을 면치 못할뿐더러 목숨도 부지하기 힘들어집니다.

한 가지 더 중요한 비밀은 여러 종의 개미굴에 들어갈 수 있는 애벌레는

위장술을 유연하게 변화시키는 능력이 있다는 것입니다. 이들은 지금도 계속 '진화'하고 있으며, 납작하고 자그마한 벌레 속에 어떤 아이디어나 지혜가 숨어 있을지 그 누구도 상상할 수 없습니다.

사냥의 지혜, 피할 수 없는 난제

개미의 커뮤니케이션 기술

복부를 문지름

복부로 지면을 두드림

가족을 판별하거나 서로 대화할 때 냄새 외에도 여러 진동음을 이용하고 있다는 것이 밝혀졌다.

고운점박이푸른부전나비 애벌레는 먼 옛날부터 냄새뿐 아니라 진동 대화의 중요성을 알고 있었다.

소중한 아기가 먹혀도 개미가 반격하지 않는 것은 고운점박이푸른부전나비애벌레가 복잡한 대화를 잘 구사하기 때문일지도 몰라요.

이 비법을 밝혀내는 것이 앞으로의 과제예요.

이때, 대형 사고 발생

하하하하하

더부살이도 쉬운 일이 아닙니다.

애벌레를 데리고 가는 개미는 네 종류 이상으로 알려져 있는데, 종뿐만이 아니라 개미 가족에 따라서도 '관용'에는 차이가 있다.

어느 개미 가족에게 끌려간 경우, 20주 후의 생존율은 0%였다.
그리고 24~48시간 이내의 사망률은 약 20~44%에 달했다.

우리 주변에는 더 대단한 녀석이 있습니다.

그 녀석도 꽤 '대충' 번성하고 있지요.

완전한 육식파
바둑돌부전나비

우리 주변에도 신기한 종이 숨어 있습니다. 이 종의 목적은 꽤 노골적이어서 더욱 교묘한 방식으로 살아가는 만큼 잘 번영하고 있습니다.

바둑돌부전나비의 애벌레는 잡목림이나 황무지 주변에 자라난 조릿대 숲에 삽니다. 그런데 정작 조릿대 잎에는 관심이 없고, 그곳에 무리 지어 사는 진딧물을 사랑하는 편입니다. 바둑돌부전나비는 지독한 육식파로 진딧물 무리 근처에서 알을 낳습니다. 부화한 애벌레는 진딧물을 물어뜯습니다. 가시가 달린 진딧물이 앉아서 당기만 하는 것은 아닙니다. 다만 애벌레의 공격에 당해내지 못 할 뿐이죠. 애벌레도 마냥 편하게 살고 있는 것은 아닙니다. 진딧물의 달콤한 분비물과 개미 군단이 함께 있기 때문입니다.

바둑돌부전나비의 애벌레는 달콤한 분비물로 개미를 회유하는 것을 '귀찮다'고 생각하는지 '위장술'로 위기를 모면합니다. 애벌레는 진딧물을 먹을 뿐 아니라 이들의 몸을 뒤덮고 있는 납 물질까지 잡아 뜯어 자기 몸에 두릅니다. 이런 방식으로 개미의 예민한 후각을 교란하니 참으로 대단합니다. 진딧물 입장에서는 이렇게 골치 아픈 상대도 없을 것입니다. 형제자매가 물어뜯기고, 애벌레가 겨우 번데기가 되어 눈앞에서 사라지는가 싶으면 우화한 바둑돌부전나비가 다시 돌아오는 것입니다. 이 나비는 꽃의 꿀에는 눈길도 주지 않고, 진딧물이 배출하는 달콤한 분비물을 마시는 데 여념이 없습니다. 게다가 산란까지 하고 가니 이만큼 달갑지 않은 손님이 없습니다.

고운점박이푸른부전나비나 담흑부전나비와 같은 희귀종의 생태도 재밌지만, 우리 주변에도 엄청난 포식자가 살고 있습니다.

이 기묘한 삶의 방식을 보려면 일단 성충을 찾아야 합니다. 이들이 나풀나풀 날아다니는 곳 근처에서 독특한 애벌레가 숨어 살고 있습니다.

바둑돌부전나비 *Taraka hamada* 부전나비과

몸길이: 10~20mm
애벌레 시기: 1년(애벌레 월동)
분포: 이집트 등지의 아프리카, 일본, 한국
식성: 일본납작진딧물, 대나무진딧물 등

I II

III

I

애벌레는 '완전 육식파'다. 진딧물의 반격 따윈 개의치 않는다.

II

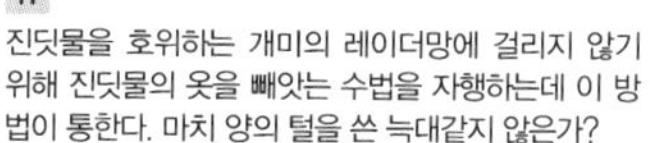

진딧물을 호위하는 개미의 레이더망에 걸리지 않기 위해 진딧물의 옷을 빼앗는 수법을 자행하는데 이 방법이 통한다. 마치 양의 털을 쓴 늑대같지 않은가?

III

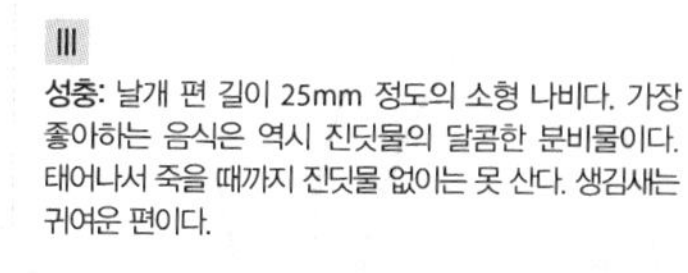

성충: 날개 편 길이 25mm 정도의 소형 나비다. 가장 좋아하는 음식은 역시 진딧물의 달콤한 분비물이다. 태어나서 죽을 때까지 진딧물 없이는 못 산다. 생김새는 귀여운 편이다.

불야성의 배후
굴벌레나방

우리는 굴벌레나방에게 고마워해야 합니다. 장수풍뎅이, 하늘가재, 나비가 수액을 먹기 위해 숲으로 오는 것은 굴벌레나방의 건축 덕분이기 때문입니다.

상수리나무와 졸참나무의 수액을 핥으면 발효 과정에서 이루어지는 특유의 단맛이 납니다. 이 수액은 단단하고 두꺼운 나무껍질에 구멍을 뚫어야 얻을 수 있습니다. 장수풍뎅이나 장수말벌마저도 입구를 뚫기 쉽지 않은데, 굴벌레나방의 애벌레는 오직 인내와 열의만으로 어려운 공사를 해냅니다. 검게 변한 포도주 같은 색의 몸에 털이 듬성듬성 나 있어 멋진 외모라고는 할 수 없지만, 성질이 난폭한 벌레가 모이는 수액 바에 유유자적하게 돌아다니는 애벌레가 있다면 아마 굴벌레나방의 애벌레일 것입니다.

이들은 나무껍질을 뚫은 소굴에서 얼굴을 빼꼼 내밀고 주변을 둘러보다 수액을 먹기 위해 모여든 작은 곤충이나 진드기를 잡아먹습니다.

굴벌레나방이 구멍을 뚫는 공사가 막대한 수익을 낸다는 사실을 언제부터 깨달았는지는 알 수 없습니다. 하지만 수액 구멍을 그대로 두면 상처가 아물 듯 어느새 구멍이 다시 막힌다는 사실만은 잘 알고 있는 듯합니다. 굴벌레나방의 애벌레는 수액이 끊임없이 나올 수 있도록 구멍을 보수하는 데 여념이 없습니다. 먹고 살기 위함이라고는 하지만, 정말 일벌레가 따로 없을 정도로 부지런합니다. 여름의 불야성에 장수풍뎅이나 장수말벌의 야간 채집 도중에 굴벌레나방의 애벌레를 발견한다면 감사의 인사를 전하고 싶습니다.

때때로 유지 보수를 하면서도 새로운 구멍을 파내기도 합니다. 그러면 수액바의 인기 자리에서 밀려난 것들이 새로운 지점으로 모여들기 시작하지요. 한여름 밤을 지배하는 애벌레의 실세 같은 존재입니다.

굴벌레나방 *Cossus jezoensis* 굴벌레나방과

몸길이: 40~50mm **분포:** 한국, 일본, 중국, 인도 **애벌레 시기:** 1년
식성: 육식성(상수리나무나 졸참나무의 수액을 먹기 위해 모인 작은 동물을 포식)

I

II

III

촬영: 築地琢郎氏

I

좋은 고객을 모시기 위해 구멍의 유지 보수는 소홀히 하지 않는다. 식물의 생리와 동물 행동학을 숙지한 민첩한 경영자다.

II

수액을 먹기 위해 모인 진드기 등을 먹는다. 이와 같이 배를 채우려고 가게를 내는 애벌레는 매우 드물다.

III

성충: 날개 편 길이 35~65mm. 날개에는 나무껍질에 지의류(地衣類)가 붙어 있는 듯한 아름다운 모자이크 무늬가 있다.

빛나는 물가에서 바캉스를 즐기는 연물명나방

애벌레는 꼭 지상의 식물에서만 서식하는 것은 아닙니다. 넓은 하늘에서의 로망을 꿈꾸는 애벌레가 있다면(26쪽), 오션뷰 리조트에서 바캉스를 즐기는 애벌레도 있지요. 연물명나방의 애벌레는 수영의 대가로, 잠수 실력도 뛰어납니다.

이들은 일본 관동 지방에서는 1년 내내 관찰할 수 있는데, 가시연이나 어리연 등의 수생 식물에 서식합니다. 연물명나방의 애벌레는 식사를 할 겸 잎사귀를 살짝 베어 먹어 접는 선을 만든 뒤 간단한 지붕이 달린 배를 만듭니다. 이후에는 유유자적, 맛있는 잎사귀를 찾아 반짝이는 수면을 기분 좋게 항해하지요. 배를 젓는데 필요한 노는 자신의 몸으로 대신합니다. 배 사이로 상반신을 살짝 내밀어 온몸을 용수철처럼 튕겨가며 움직입니다. 애벌레 보트는 이렇게 반짝거리는 물 위를 떠다닙니다.

이 애벌레의 겉은 고급 벨벳 같습니다. 호흡 방식이 대부분 옆구리에 점처럼 뚫린 숨구멍으로 호흡하는 다른 애벌레와 달라서 표피 전체로 피부 호흡을 할 수 있습니다. 게다가 기관 아가미라는 독특한 호흡 기관이 있어서 물속에서도 활동할 수 있습니다. 이렇게 특수한 진화를 했다면 전략상 무척 유리할 것처럼 보입니다. 수면의 적에게 습격당할 것 같을 때는 물속으로 잠수하고, 물속에서 육식성 생물을 만나면 지상으로 올라오면 되기 때문입니다. 그런데 이 연물명나방 또한 멸종 위기에 처해 있습니다.

연물명나방이 가장 좋아하는 풀이 엄청나게 자라나면서 과거에는 피해 식물로 취급되었지만, 강력한 농약이 등장하면서 멸종 위기 식물이 되었습니다. 그 여파로 연물명나방 또한 개체 수가 줄어들고 있습니다.

당분간은 연물명나방 애벌레가 노를 젓는 모습을 볼 수 있겠지만, 이렇게 진귀한 풍경은 그리 쉽게 찾아볼 수 있는 것이 아닙니다. 아이와 함께 관찰한다면 그 무엇보다 훌륭한 자연 교재가 될 것입니다.

연물명나방 *Elophila interruptalis* 포충나방과

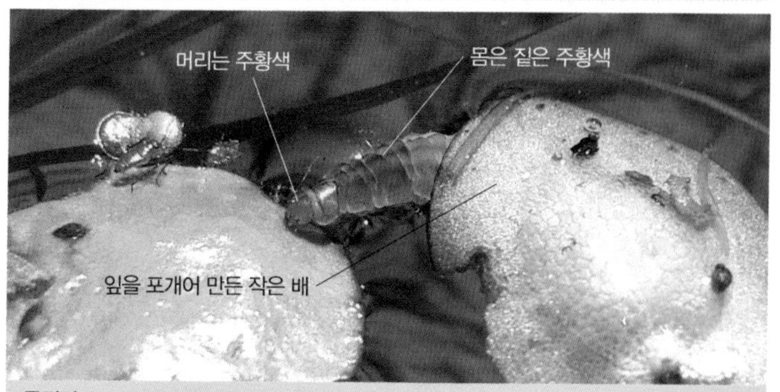

몸길이: 10~15mm
애벌레 시기: 주로 4~12월(애벌레 월동)
분포: 한국, 일본, 중국
식성: 어리연, 가시연, 마름, 수련 등의 수생 식물

I

물 위, 물속 어디서든 생활이 가능하다. 덕분에 편리해 보이지만, 천적이 많아 골치 아프다.

II

보통은 숨겨진 집으로 이용하지만, 광범위하게 이동할 수 있게 배로 활용하기도 한다. 번데기화도 이곳에서 이루어진다.

III

성충: 날개 편 길이 25mm 정도의 작은 나방이다. 잎사귀 뒤에 숨어 있는 경우가 많다. 세련된 아름다움이 있다.

애벌레, 하늘을 날다
매미나방

지구에 나비가 나타나기 시작한 것은 약 3천만 년 전의 일입니다. 유구한 세월 동안 나비와 나방의 애벌레는 놀랄만한 곡예 기술을 습득했습니다. 매미나방은 드넓은 하늘에 꿈을 품은 종으로, 아주 훌륭한 비행가입니다.

고급스러운 은색 털이 눈에 띄는 풍채 좋은 애벌레로 자란 녀석은 화려한 돌기를 포인트로 가지고 있습니다. 그러나 문제는 구분하는 것이 아니라 녀석이 어디에서 오는가에 있습니다.

매미나방은 나무줄기에 약100~1000개의 알을 낳습니다. 자연의 경치가 맑고 아름다운 5월~6월에 모든 알이 부화하는 것은 아니지만, 수백 마리의 애벌레가 기어 나오기 시작하면서 문제가 발생합니다. 초령 시기에는 자그마한 독털을 지니고 있는데 피부에 찔리면 발진이나 가려움증을 유발합니다. 다만 한 번이라도 탈피한 후에는 독털이 자라지 않습니다.

또한 매미나방의 애벌레는 나뭇가지에서 실을 토해내 매달린 후 바람결에 따라 멀리 날아다니는 습성이 있어서, 일본에서 그네 애벌레로 불리기도 합니다. 전세계 여기저기 실에 매달려 바람을 따라 여행 하기 때문에 번식 능력이 뛰어나 골머리를 앓기도 합니다. 우연히 애벌레 곁을 지나갈 때면 목과 팔, 볼 등을 찔릴 수 있습니다. 증세가 가볍다고는 하나 불쾌한 기분을 감출 수 없고 때로는 가려움증이나 비염을 일으키기도 합니다.

두 번째 문제는 식습관입니다. 이들은 적어도 100종이 넘는 식물을 먹습니다. 나무뿐 아니라 밭의 채소, 원예 식물까지 먹어 치웁니다.

세 번째 문제는 '대량 출현'입니다. 8~11년 주기로 '대량 출현'이 반복되면서 농가와 원예가를 덮치고, 일반 시민 또한 "징그러우니 당장 퇴치해 달라"며 관공서에 전화를 걸기 일쑤입니다. 번식 능력이 너무 뛰어나서 미리 손 쓸 도리도 없습니다. 이쯤 되면 비행가飛行家가 아니라 비행가非行家가 아닐지요.

매미나방 *Lymantria dispar subsp. dispar japonica* 독나방과

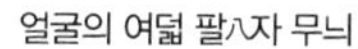

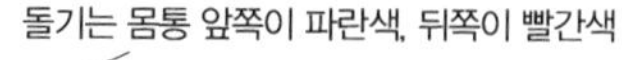

몸길이: 약 60mm
애벌레 시기: 4~7월
분포: 한국, 일본, 시베리아, 유럽,
식성: 벚나무류, 밤나무, 침엽수, 밀, 벼, 곡물류 등

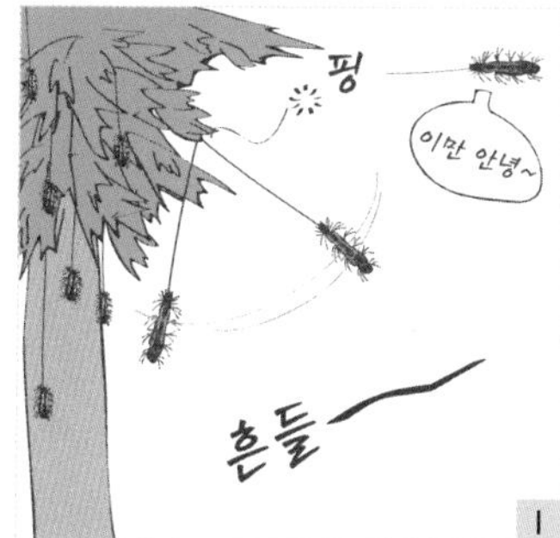

I

II

III

I

4월 하순에서 5월 중순은 주의가 필요하다. 초령기에는 독털이 나서 피부에 닿으면 발진 등을 유발한다.

II

세계의 침략적 외래종 워스트 100에 선정되었다. 지역에 따라 다수의 아종(亞種)으로 분류되기도 한다.

III

성충: 날개 편 길이 60~90mm. 귀부인 같은 목덜미가 귀엽다. 수명은 고작 1주일. 산란 개수는 100~1,000개다.

매미의 경단
매미기생나방

여름의 숲에는 환희의 노래와 구애의 춤을 추느라 모두가 바쁜 와중에도 이해하기 어려운 한 쌍의 짝이 숨어 있습니다.

매미기생나방의 애벌레는 그 이름처럼 매미에 기생해 살아가는 특이한 종으로, 주로 저녁매미[2]와 함께 생활합니다. 매미기생나방의 알은 나무껍질에서 발견할 수 있는데, 7월에 저녁매미 애벌레가 우화를 위해 나무껍질 위를 걷고 있으면 기다리고 있던 매미기생나방 애벌레가 달라붙습니다. 처음에는 저녁매미의 단단한 가슴 부위로 잠입하고 며칠 후에는 복부로 이동합니다. 애벌레의 맨살은 벽돌색이지만 시간이 지남에 따라 하얀 솜(납물질)으로 뒤덮입니다. 그래서 그물로 저녁매미를 잡으면 하얀 경단 같은 점이 서너 개씩 붙어 있는 것을 발견할 수 있지요. 애벌레는 자극을 주면 뚝 하고 금방 떨어집니다. 매미의 체액을 빨아 먹고 있는 것인가 싶겠지만 사실 무엇을 하고 있는지 알 수 없습니다. 다만 저녁매미의 삶을 해치지 않습니다.

매미기생나방 애벌레를 키우기 위해서는 우선 매미를 키워야 하는데, 초보자에게는 어려운 일입니다. 매미는 순식간에 노화하고 애벌레는 열심히 성장을 거듭해 우화하기 때문이지요. 이들의 애벌레 시기는 놀랄 만큼 짧습니다. 7일 만에 모든 성장을 끝내고 저녁매미와 이별을 고합니다. 여름에 숲을 거닐다 보면 나뭇가지 끝에서 뻗어 나온 얇은 실 끝에 하얀 경단 같은 것이 매달려 있는 것을 발견할 수 있습니다. 애벌레는 이 실을 따라 적당한 풀에 연착륙한 후 번데기가 되지요. 10일 후에는 우화하여 연애를 즐기며 천명을 다합니다. 나무에 낳은 알은 다음 여름이 올 때까지 잠이 듭니다.

제3자가 얼핏 보기에는 서로에게 원하는 것이 무엇인지 이해가 어렵습니다. 지금은 기생하는 걸까요? 의외로 이들은 이별할 때가 다가오면 깔끔히 헤어집니다. 진정한 사랑을 더없이 즐기고 행복한 나날을 보냅니다. 이런 신비한 기생 관계는 인간 사회 외에서는 거의 찾아볼 수 없죠.

---

2 학명 Tanna japonensis

매미기생나방 *Epipomponia nawai* 매미기생나방과

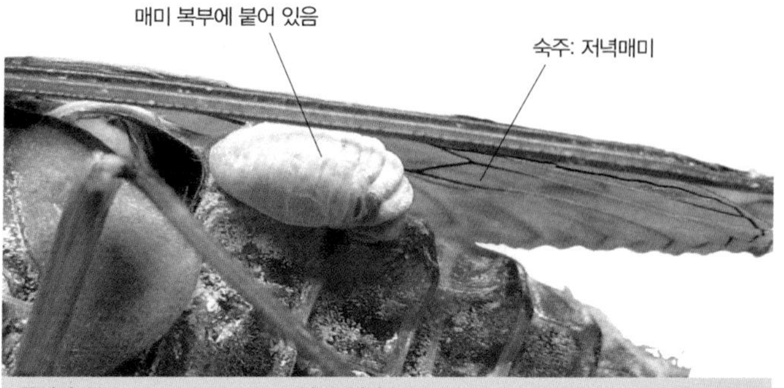

몸길이: 약 8mm
애벌레 시기: 7~9월
분포: 일본
식성: 저녁매미, 애매미, 유지매미의 체액(상세 불명)

I

흰경단기생나방(가칭)[3] 애벌레 여러 마리가 저녁매미 배에 붙어 있다. 애벌레는 몸에 붙어 거의 움직이지 않는다.

II

흰경단기생나방(가칭)이 부채날개매미충에 기생 중인 모습이다. 여름에는 부채날개매미충의 몸이 하얀 경단으로 가득하다.

III

성충: 날개 편 길이 16~18mm의 무척 작은 나방이다. 세련되고 성숙한 색상이 인상적이고 미려한 종이다.

3 학명 Epiricania hagoromo

나른한 백악의 폭포
제비나비붙이

무언가 거창해 보이는 이름이지만, 그 모습을 보면 이해가 가는 진귀한 생물입니다.

앞서 소개한 매미기생나방과 동일하게 제비나비붙이 애벌레도 여름에 활동하며, 하얀 납 물질로 둘러싸여 있는 것도 똑같습니다. 공원이나 잡목림에서 흔히 보이는 층층나무의 나뭇잎을 먹으며 생활하고 대부분 잎 아래에 숨어 서식합니다. 그렇지만 밑에서 위로 나무를 올려다보는 인간에게 발각되기 쉽습니다. 잎 아래에 하얀 솜사탕이 폭포처럼 축 처져 있어 쉽게 눈에 띕니다. 녀석들이 살고 있는 나뭇가지 근처에는 솜사탕 모양의 납 물질이 발자취처럼 남아 있습니다. 혹은 지면을 어슬렁거리며 걸어 다니기도 하지요. 이렇게 돌아다니는 것은 번데기가 되기 위해 나무에서 내려온 애벌레인데, 이 아이들을 집에 데려가면 먹이를 주지 않고도 아름다운 우화를 관찰할 수 있습니다. 하늘이 내린 기회지요.

그런데 문제가 있습니다. 수국나무밀잎벌(가칭)[4]이라는 벌의 애벌레 또한 거의 똑같은 생김새를 하고 있다는 점입니다. 몸을 둘러싸고 있는 납 물질은 손가락으로 스윽 훑기만 해도 떨어지므로 안의 애벌레를 살펴보면 되지만, 배다리가 일곱 쌍 있다면 수국나무밀잎벌의 애벌레입니다(제비나비붙이의 배다리는 네 쌍입니다).

성장 중인 제비나비붙이 애벌레를 둘러싼 솜사탕을 벗겨내면 어떻게 될까요? 물론 문제없습니다. 실제 감촉을 느껴 보는 것도 실학의 미학이지요. 무척 흥미롭습니다.

이렇게 충분히 성숙한 애벌레는 지면에 내려와 고치를 만들고, 우화한 성충은 사향제비나비(88쪽)의 축소판 같은 모습을 하고 있습니다. 무척이나 우아하고 아름다운 모습인데, 낮에도 활동하는 모습을 볼 수 있어서 나방의 이미지를 완전히 뒤바꾸는 존재이기도 하지요.

---

4 학명 Eriocampa mitsukurii

제비나비붙이 *Epicopeia hainesii subsp. hainesii hainesii* 제비나비붙이과

몸길이: 약 35mm
애벌레 시기: 7~10월
분포: 한국, 일본, 대만
식성: 층층나무, 산딸나무 등의 층층나무과

I
번데기의 모습. 지면에 내려와 낙엽 사이에서 하얀 납 물질을 묻힌 고치를 만든다.

II
제비나비붙이의 애벌레와 똑같이 생긴 수국나무밀잎벌의 애벌레. 배다리가 일곱 쌍으로, 제비나비붙이의 애벌레보다 많아 구분이 가능하다.

III
성충: 날개 편 길이 55~60mm. 부드러운 곡선이 매력적이다. 호랑나비와는 또 다른 신비로운 매력을 엿볼 수 있다.

하늘 위 보석
왕오색나비①

'애벌레는 너무 징그러워'라고 말하는 사람도 왕오색나비를 보면 마음이 바뀔 것입니다. 귀여운 얼굴을 좌우로 흔들면서 산책을 즐기는 모습은 마치 움직이는 캐릭터 같습니다. 애벌레는 무척 활발해서 이곳저곳을 돌아다니며 마음에 드는 잎사귀가 있으면 그곳을 받침대 삼아 낮잠을 잡니다. 먹성도 아주 좋아서 이파리를 마구 뜯어 먹지요. 이 모습을 관찰하고 있으면 참 재밌습니다. 활발하게 논 다음에는 다시 낮잠을 자는데 숨소리가 들릴 듯 아주 편안한 모습입니다.

하지만 왕오색나비 애벌레의 성미는 무척 거칩니다. 주식인 팽나무는 다른 애벌레에게도 인기가 많아서 다른 종도 많이 살고 있는데 왕오색나비의 애벌레는 다른 애벌레와 마주치면 고약해집니다. 토끼 귀처럼 생긴 뿔은 장식이 아닙니다. 앞길을 막아서는 존재가 나타나면 우선 얼굴을 숙입니다. 마치 항복한 것처럼 보이지만, 상대방이 당황한 틈을 타 뿔을 상대방의 몸 아래에 밀어 넣어 지렛대의 원리로 머리를 들어 올려 버리거나 머리를 마구 휘젓습니다. 뿔나비(112쪽) 애벌레가 덧없이 허공에 떠오른 모습을 몇 번이고 보았습니다. 성충의 성격 또한 마찬가지입니다.

왕오색나비의 애벌레는 6월경부터 우화를 시작합니다. 가장 먼저 우화하는 것은 미려한 수컷입니다. 이 웅장하고 화려한 자태를 보면 누구나 깜짝 놀랄 것입니다.

다음으로는 왕오색나비를 예시로 애벌레 찾는 방법과 사육하는 방법을 소개하겠습니다.

왕오색나비 *Sasakia charonda charonda* 네발나비과

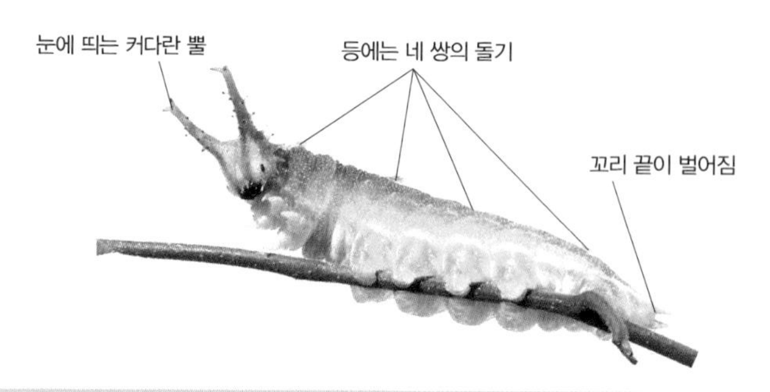

몸길이: 50~60mm
애벌레[5] 시기: 8월~이듬해 6월(애벌레 월동)
분포: 한국, 일본, 대만, 중국
식성: 팽나무, 풍게나무

I
사육은 무척 즐겁다. 이렇게 복스러운 '식사 예절'을 마주하면 누구나 고개를 절로 끄덕이게 될 것이다.

II
귀여운 얼굴과는 달리 성질이 고약하다. 함께 생활하는 존재를 발견하면 온몸으로 거부한다.

III
성충: 날개 편 길이 75~100mm. 일본을 상징하는 나비로서 기품이 뛰어나 일본인들이 좋아한다. 생김새만 봤을 때는 수액 바에서 난폭한 행위를 일삼는 화려한 주정뱅이로 보이지 않는다.

---

5 애벌레 모습은 37쪽을 참조

왕오색나비 찾는 법
왕오색나비②

날개에 보석이 박힌 듯 아름다운 이 나비는 짬을 내어 방법만 숙지하면 누구나 어렵지 않게 발견할 수 있습니다.

마른 이파리 아래에서 겨울을 보낸 애벌레는 4월 말에서 5월 초에 모습을 드러냅니다. 겨우내 애벌레는 주식인 팽나무 줄기, 그중에서도 줄기가 갈라진 부분에서 휴식을 취합니다. 이곳을 잘 들여다본다면 발견할 수도 있겠지만, 좋은 시력을 가진 게 아닌 이상 보호색 때문에 발견하는 것이 쉽지 않습니다. 그래서 다음과 같은 방법을 추천합니다.

양분을 얻기 위해 이동하는 애벌레는 대담하게도 잎 표면에서 잠자는 습성이 있습니다. 따라서 나무 밑에 서서 햇빛을 받은 나뭇잎을 바라보면 녀석의 실루엣이 보이지요. 이 방법은 나무에서 생활하는 애벌레를 찾기 위한 '제1의 원칙'입니다. 가끔은 원칙을 지켜도 보이지 않을 때가 있습니다. 그럴 때 슬퍼할 필요는 없습니다. 5월 말에서 6월 초가 되면 애벌레는 송아지처럼 무럭무럭 자라서 통통해집니다. 애벌레가 자리 잡은 잎사귀는 무게로 인해 축 처지니 더욱 쉽게 찾을 수 있지요.

왕오색나비는 마음에 드는 나무를 찾아 수십 개 정도 되는 알을 낳습니다. 만약 운 좋게 애벌레를 찾으면 같은 곳에서 몇 마리 더 발견할 수도 있습니다. 사육을 위해서는 세 마리 정도 데려가면 충분합니다. 너무 욕심을 부리면 나중에 큰코다칠 수도 있기 때문이지요(제2장에서 설명).

사육업자는 겨울잠을 자는 무리를 일망타진합니다. 하지만 여러분이 이것을 따라 했다가는 기다림이 비극이 될 것입니다. 환경 관리를 제대로 하지 못하면 겨울잠 중에 애벌레가 깨어날 수 있기 때문이지요. 게다가 먹이가 되는 팽나무는 아직 싹이 채 트지도 않은 상태입니다.

사실 주식이 되는 팽나무를 찾는 것이 더 어려운 일이기도 합니다. 도감에서 아무리 찾아본들 실제로는 구분이 어렵습니다. 비슷한 나무가 꽤 많기 때문이지요.

토끼 얼굴 찾는 법

겨울을 지낸 애벌레가 식사 장소로 향하고 있다. 이 상태에서 2~3일 동안 움직이지 않기도 한다. 이 나무에만 적어도 11마리가 서식하고 있다. 참고로 이곳은 주택가 뒤에 있는 평범한 수풀이다.

이파리를 들춰 보면

자고 있었답니다

기본—나무 아래에서 찾아보기

① 넓은 범위를 단시간에 탐색이 가능하다.

② 보호색과 상관없이 실루엣으로 찾을 수 있다.

겨울잠에서 갓 깨어난 애벌레는 회갈색을 띠고 있다. 4월 중순에서 5월 중순까지 관찰이 가능하다.

왕오색나비 사육 방법

왕오색나비③

운 좋게 왕오색나비 애벌레를 발견하더라도 키우는 방법을 제대로 모르면 기회를 날리게 될 수도 있습니다. 그런데 희한하게도 발견할 때는 꼭 어쩌다 무심코 눈에 띕니다.

겨울잠에서 막 깨어난 애벌레는 아주 적게 먹습니다. 탈피를 끝내고 몸통의 색깔이 초록색으로 바뀌면서 식욕이 점점 늘어가지요. 5월 중순 즈음이 되면 놀랄 만큼 증량에 성공해 통통한 모습을 갖추는데, 먹는 모습도 박력이 넘칩니다.

그런데 만약 먹이가 끊기게 된다면 애벌레에게는 아주 치명적입니다. 신선한 팽나무를 잔뜩 두면 신비롭고 아름다운 우화를 지켜볼 수 있지만, 자연 그대로의 팽나무를 그대로 두면 몇 분도 안 되어 금방 시들어 버리고 맙니다. 화병에 꽂는대도 한 시간이 채 안갑니다. 그렇기 때문에 여러분이 왕오색나비 애벌레 때문에 골머리를 앓고 있다면 분명 먹이에 문제가 있습니다. 왕오색나비 애벌레는 볼품없이 시든 잎은 거들떠보지 않기 때문에 단식 투쟁을 벌이다 명예롭게 죽습니다.

저도 이런 점 때문에 상당히 고민하다가 원예가인 아내가 알려준 방법으로 놀랄 만한 성과를 얻었습니다.

먼저 팽나무 줄기의 끝부분을 망치처럼 단단한 물건으로 힘껏 두들깁니다. 나무줄기의 섬유질을 전부 풀어 준다는 느낌으로 두드리고 물을 흠뻑 적신 거즈나 휴지로 줄기 끝을 감싸고 물기가 날아가지 않게끔 랩으로 둘둘 말아 줍니다. 그러면 팽나무 줄기는 4~5일까지도 푸릇푸릇한 모습을 유지해 사육자와 애벌레 모두 안도의 숨을 내쉬게 되지요.

팽나무 줄기를 한 번에 수확해서 보관하고 싶다면 지퍼백에 담아 냉장고에 넣어 두면 됩니다. 이때 앞서 소개한 방법대로 줄기 끝에 수분을 머금도록 해 주면 안심할 수 있습니다. 그래도 귀여운 애벌레를 위해서 며칠에 한 번은 신선한 잎을 주는 것이 좋습니다. 그렇게 되면 아마 몸통이 점점 커지고 아름다워져서 잎을 주지 않은 애벌레와 확연한 차이가 날 것 입니다.

왕오색나비 사육 수첩

월동 애벌레, 3령

몸길이: 약 30mm

식욕이 별로 없다. 다 자랄 때까지 소식을 지속한다. 작지만 성질이 고약하다.

다 자란 애벌레(5령)

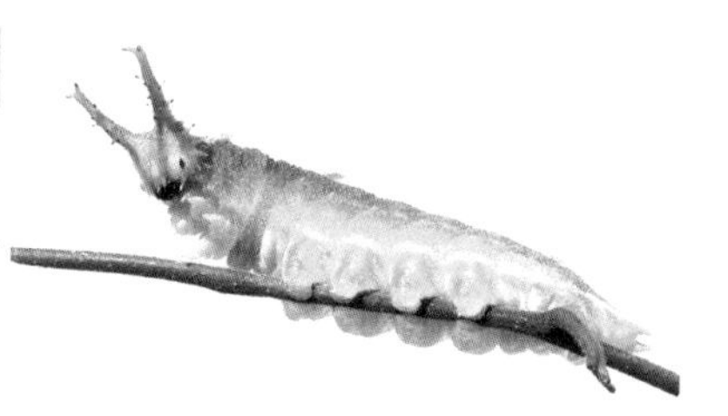

몸길이: 약 100mm

식욕 대폭발. 먹이가 끊기지 않도록 주의가 필요하다. 먹을 것이 없어지면 굶어 죽고 만다.

나뭇가지를 오래 유지하기 위해서는 …

단단한 물건으로 자른 부위를 두드린다.

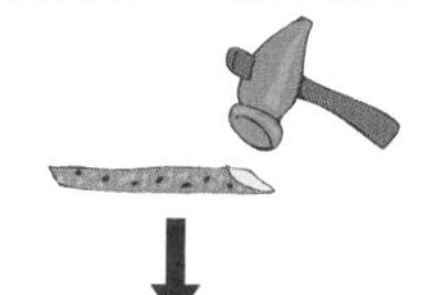

섬유를 풀어 주듯 여러 갈래를 만들면 물 올림이 좋아진다.

젖은 휴지로 말아 준 뒤, 랩으로 감싸 준다.

봉투에 넣어 냉장고에서 보관하면 일주일 정도는 푸릇푸릇하게 유지된다.

하지만 수일에 한 번은 신선한 풀을 주자.

왕오색나비 증후군
왕오색나비④

왕오색나비는 유명세가 있는 만큼 오해도 많이 불러일으킵니다.

우선 '일본 국가 지정 나비'라고는 하지만 일본 정부에서 지정한 나비가 아니며 일본곤충학회가 선정했을 뿐입니다. 그렇기 때문에 채집하거나 사육한대도 법적으로 문제 될 일은 전혀 없습니다.

일본의 43개 자치단체에서 멸종 위기종으로 지정되었으며 도쿄도에서는 멸종되었다고 하는데, 앞으로는 수정될 것으로 보입니다. 왕오색나비는 우리 주변에서 흔히 볼 수 있는 종으로 도쿄도 교외에서도 생존, 번식이 확인된 바 있습니다. 일부러 찾아 나설 때는 쉽게 발견되지 않지만, 아무런 준비가 되어 있지 않을 때 이상하게 눈에 띄곤 합니다. 농약투성이인 골프장 주변에서도 발견되고, 황폐한 잡목림이나 덤불에서도 잘 생활하고 있습니다.

최근에는 지자체나 학교에서 환경 교육을 목적으로 사육과 방사 활동을 활발히 하는 편이라 개체 수도 많이 늘었습니다. 방사한 숲에서는 모습을 감추지만, 보호 구역에서 떨어진 잡목림으로 흩어져 사는 경우가 많습니다. 인간의 마음을 몰라 주는 녀석이지만, 덕분에 우리 주변의 잡목림에서 이들을 발견할 수 있는 가능성이 늘어나고 있지요.

사실 이런 활동이 아니더라도 원래부터 서식 중인 경우도 많습니다. 해당 지역의 자연환경을 잘 알고 있는 사람에게 물어보면 "사실 예전부터 있었지만, 마구잡이로 채집할까 봐 알은체하지 않았다"고 고백하는 경우가 적잖습니다. 보호 지역에서 채집하는 것은 엄중히 금지해야겠지만, 길을 거닐다 근처에서 발견한다면 꼭 집에 데려가 가족과 함께 관찰하면 좋을 듯합니다.

체험을 통해 얻은 지식은 애벌레가 사랑 받을 수 있는 이유가 됩니다. 실패는 성공의 어머니라는 말처럼 왕오색나비와 똑같이 생긴 녀석이 팽나무에 서식하고 있습니다. 녀석이 우화한 후에는 놀랄 만한 일이 벌어지기도 합니다. 이것이 바로 제3장에서 소개할 흑백알락나비와 홍점알락나비의 이야기입니다. 습성과 용모가 쏙 빼닮아 골치가 아프기도 하면서 재미도 있지요.

 왕오색나비 식별 수첩

생명의 신비로움을 알 수 있는 건 '식별'

왕오색나비 애벌레와 무척
흡사한 종이 있어요.
아주 작은 차이가 생명의 아름다움을
보여준답니다.

1 2 3 4

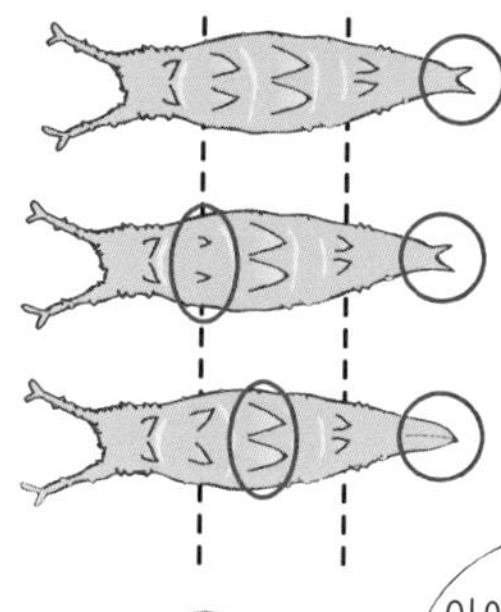

왕오색나비
등에 있는 네 쌍의 돌기가 크다.
꼬리가 벌어져 있다.

흑백알락나비 110쪽
등에 있는 두 번째 돌기만 무척 작다.
(아예 없는 개체도 있다) 꼬리가 벌어져 있다.

홍점알락나비 164쪽
세 번째 돌기만 무척 크다.
꼬리가 벌어져 있지 않고 뾰족하다.

이 애벌레는 모두 팽나무에 서식해요.

왕오색나비가 아니어도 충분히
귀여우니 사랑을 듬뿍 주세요.

만약 왕오색나비라면 더없는 행운인 우화 장면을 즐길 수 있지요

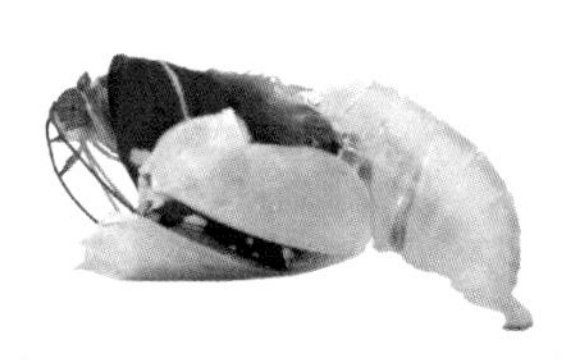

memo

제2장

또 다른 생존 전략

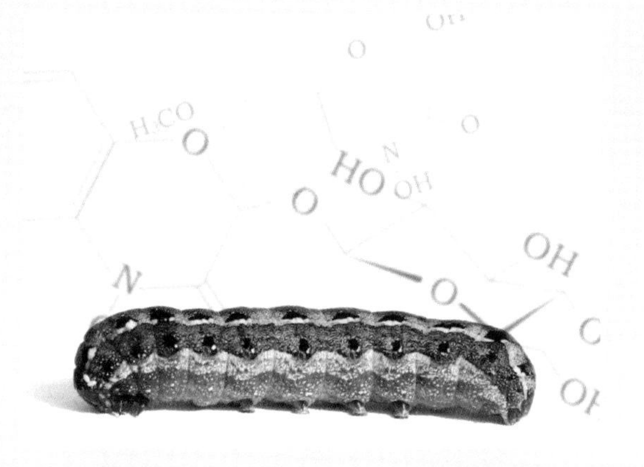

고도의 진화와 대번영을 이룩하기 위한 생화학의 세계에 오신 것을 환영합니다. 이들의 해독과 도피, 방어 반응에 대해 알아보고 최고급 섬유와 의약품, 그리고 '음식 재료'로도 쓰이는 엄청난 존재를 소개합니다.

사방이 천적

매미나방이 하늘을 여행하는 것은 개체를 분산시켜 안전을 확보하기 위해서입니다. 그런데도 성충이 되는 개체 수는 매우 적습니다. 대부분의 애벌레는 다른 생물에게 중요한 영양분으로 쓰이는데 이를 통해 우리는 자연이 신비로운 조화를 이루며 움직이는 것을 알 수 있습니다.

애벌레의 천적으로는 가장 먼저 조류가 있습니다. 작은 새는 애벌레가 많이 생기는 계절에 구애의 노래를 지저귀며 새끼를 키웁니다.

기생벌과 기생파리는 애벌레에게 새끼를 맡깁니다. 자연에서 볼 수 있는 애벌레 대부분은 이들의 숙주가 되기 때문에 우리가 이들을 키울 때 벌과 파리가 나타나기도 합니다. 물론, 애벌레에게도 대항 수단이 있어서 면역 기능을 통해 이들을 쫓아낼 수도 있지만, 기생하려는 시도는 한번에서 끝나는게 아니라 계속해서 이어지기 때문에 쫓아내지 못할 수도 있습니다. 이렇게 되면 기생충끼리도 싸움이 일어나서 애벌레에게서 어떤 기생 생물이 우화할지 아무도 알 수 없게 됩니다.

개미는 여럿이 몰려들어 애벌레를 데려가 버립니다. 침노린재는 빨대를 꽂아 내장을 빨아먹고, 사냥 벌은 애벌레를 마취시켜 잠들게 한 뒤에 젖병처럼 이용합니다.

가장 무서운 것은 바이러스와 곰팡이입니다. 숲과 밭의 토양에는 무수한 세균과 진균류가 살고 있는데, 습도가 높아질수록 기세를 떨칩니다. 장마 기간이 되면 감염률은 95%를 넘어섭니다. 감염자의 몸은 무참하게 찌부러지거나 균사로 가득 덮여 몸이 새하얘집니다. 애벌레에게는 사상 최악의 역병이 되는 것입니다.

사실 골치 아픈 것은 천적뿐만이 아닙니다. 애벌레의 먹이인 식물을 상대하는 것도 쉽지 않습니다.

애벌레의 천적들

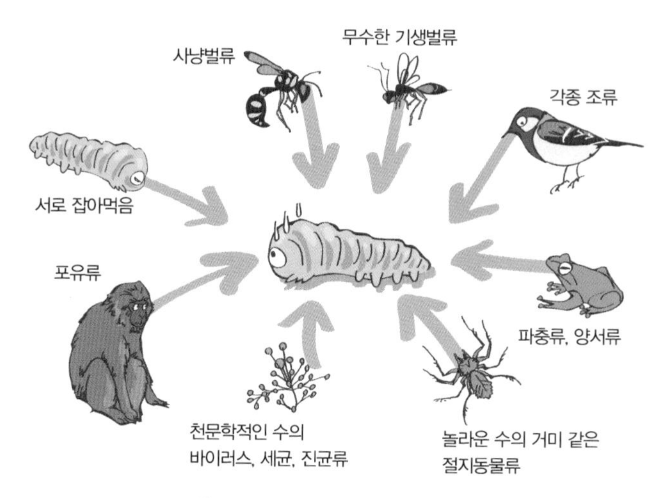

성충이 되는 것 자체가 기적

그 외 여러 가지 천적

식물과의 치열한 공방전

채식주의자인 애벌레는 숙주를 편식해서 자신이 좋아하는 것만 먹습니다. 열의에 가득 찬 연구자를 오랫동안 괴롭혔던 것은 어떤 기준으로 애벌레는 기호를 정하는가였습니다. 식물은 놀랄 만한 속도로 진화와 발전을 거듭하지만 애벌레는 이런 것들을 모두 예측하는 것처럼 훌륭하게 적응합니다.

그렇다고 해서 동물에게 식해를 입은 식물이 자신의 신세를 한탄하며 가만히 있는 것은 아닙니다. 새잎이 나는 식물은 우선 성장에 꼭 필요한 영양소를 만들어 내는 제1차 대사를 시작합니다. 그다음에 이어지는 제2차 대사는 유독 물질을 만들어 내어 자신을 먹을 수 없게끔 만듭니다. 이때 만들어지는 물질은 식욕을 감퇴시키거나 소화 불량을 유발하는 극히 평범한 것에서부터 치명적인 신경독에 이르기까지 그 종류가 무척 다양한데, 식물성 산물의 대부분은 아직도 규명되지 않은 부분이 많습니다.

식물의 화학 방벽과 자연 면역 응답도 무척 강고한 성벽으로 기능하는데, 애벌레에게 식해를 입었을 때부터 화합, 운반되는 것들도 있습니다.

애벌레의 어미는 자식의 건강한 성장을 위해 세계 곳곳을 돌아다니며 최적의 요람을 찾아냅니다. 이때 놀랍게도 식물의 2차 대사 물질인 유독 자극 성분을 이용하게 됩니다. 식물 최대의 무기이자 최후의 보루이기도 한 이것은 나비나 나방에게 있어서 아주 훌륭한 산란 유발 물질이 됩니다. 갓 태어난 애벌레의 식욕을 돋우는 자극 물질이기도 하지요.

애벌레는 입가에 달린 더듬이로 식욕을 느끼게 됩니다. 또한 후각이 매우 뛰어나서 냄새를 분자 단위로 파악할 수 있습니다. 반대로 더듬이가 잘린다면 아무거나 먹게 됩니다. 만약 스스로 해독할 수 없는 유독물이 포함된 식물을 먹었다면 며칠 내로 죽을 것입니다.

No Thank you
2차 대사 물질 생산
유독 물질의 효과
악취, 쓴맛, 매운맛
소화 흡수 작용 저해
생리 기능 교란
치사성 독 다수 존재
독성은 대부분의 생물에게 크나큰 영향을 끼칩니다.
나비목은 이 점에 착안하여 유독 식물을 독차지하며 대번식을 이룩하기 시작합니다.
식물을 놀리는 것도 정도가 있는데 말이야
와아! 금속의 알싸한 맛, 최고야!
와! 최고야! 알 낳자!
나풀나풀

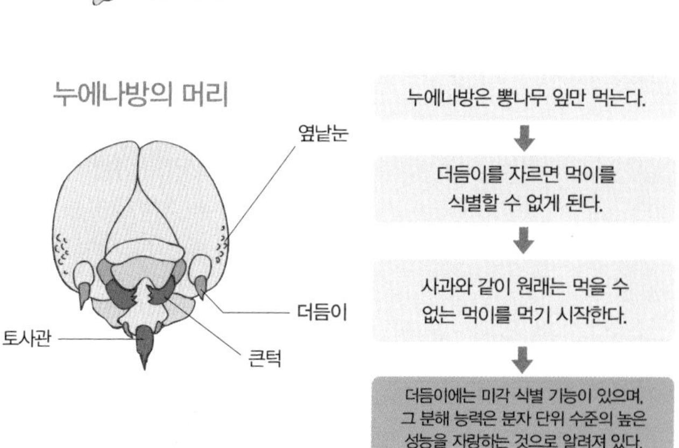
누에나방의 머리
옆낱눈
더듬이
토사관
큰턱
누에나방은 뽕나무 잎만 먹는다.
더듬이를 자르면 먹이를 식별할 수 없게 된다.
사과와 같이 원래는 먹을 수 없는 먹이를 먹기 시작한다.
더듬이에는 미각 식별 기능이 있으며, 그 분해 능력은 분자 단위 수준의 높은 성능을 자랑하는 것으로 알려져 있다.

해독의 천재

일반인에게는 알려지지 않은 의약품 연구 분야의 뜨거운 감자가 있습니다. 바로 애벌레의 내장입니다. 그중에서도 애벌레의 소화 기관은 미지의 장소입니다. 해부도를 보면 이들이 아주 훌륭하게 만들어진 기어다니는 장이라는 것을 알 수 있습니다.

애벌레의 영양원인 식물은 사실 영양소로 쓰기 쉬운 물질이 아닙니다. 동물의 몸을 구성하는 단백질이 매우 적고 어떤 식물이든 자기방어를 위해 유해 물질을 열심히 만들기 때문입니다. 그런데 애벌레는 독특한 방식으로 견고한 화학 방벽을 무너트리고 맙니다.

탄닌과 리그닌은 대부분의 식물에서 발견할 수 있는 평범한 물질입니다. 그런데 이 성분은 소화를 방해하는 물질로, 치명적인 것은 아니나 성장을 크게 방해합니다. 이것의 힘을 잃게 만드는 것 중 하나로 리소인지질이라는 물질이 있습니다. 담배거세미나방(144쪽)은 가운데 창자에서 리소인지질을 분비해 탄닝 등을 억제하고 필요한 영양소를 흡수합니다. 덕분에 담배거세미나방은 다양한 식물을 먹을 수 있게 됩니다.

벼, 옥수수, 밀은 벤조옥사지노이드류의 일종인 디하이드록산(DIMBOA)이라는 물질을 만들어 일부 곤충에게 강한 독성을 발휘합니다. 이 물질은 소화와 성장, 식생과 해독 능력까지 방해하는 효과가 있습니다. 옥수수를 먹는 멸강나방[6]은 디하이드록산이 몸속에 들어오면 장에 있는UDP-당전이효소(UDP-glucosyltransferase)를 이용하여 독성을 무력화합니다. 담배거세미나방[7] 또한 이 물질을 이용해 담뱃잎을 먹고 니코틴을 무력화합니다.

이처럼 애벌레 안에는 독특한 효소와 아직 밝혀지지 않은 미지의 물질이 가득하며, 먹이에 따라 특화된 공생 미생물도 키우고 있습니다. 이렇게 대단한 발견을 도와주고 있는 것은 다름 아닌 해충입니다.

---

6 학명 Mythimna separata
7 학명 Spodopteralitura

해독 연금술[8]

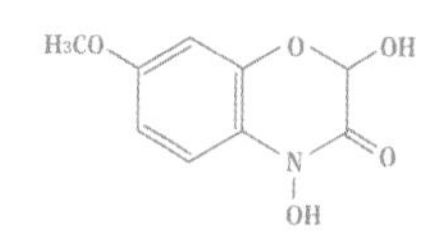

DIMBOA(6)[9]
유독성
몇몇 곤충의 성장과 번식, 소화, 해독을 방해하는 독성 물질

DIMBOA-Glc(7)
무독성
옥수수 잎과 줄기는 글루코오스 배당체라는 안전한 형태로 저장

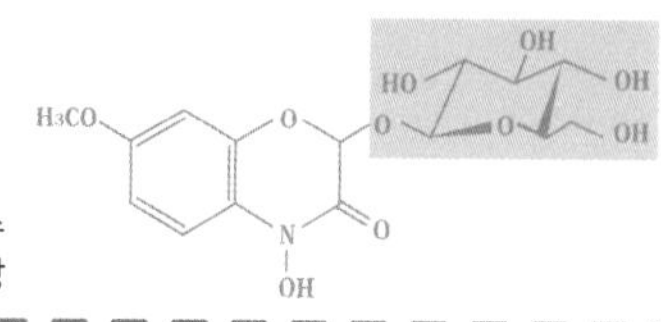

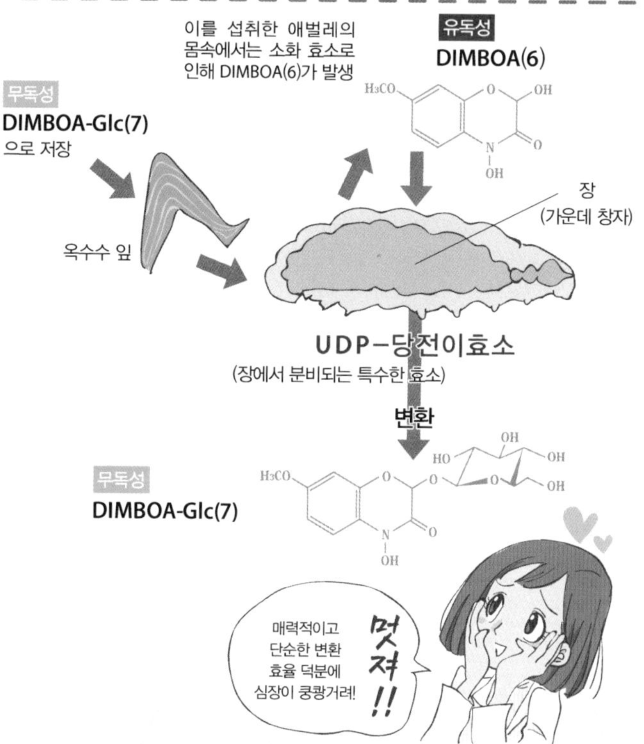

8 藤崎 憲治 외,『昆虫科学が拓く未来』, 京都大学学術出版会, 2009.
9 해독 효소 억제는 새로운 농약 개발로도 이어짐

해충 박멸은 해충이 한다

해충 때문에 골머리를 앓고 있다면 되려 해충에게 맡겨 놓는 방법도 좋습니다. 하지만 애벌레를 키우고 싶은 박애주의적인 분이 있다면 오른쪽 페이지에 나오는 애벌레들은 절대 집에 데리고 오지 않는 편이 좋습니다. 특히 등이나 옆구리에 '선물' 같은 것을 지고 있다면 그것은 벌이나 파리의 애벌레가거나 번데기일 것입니다. 이런 애벌레는 어떻게 될까요? 일주일 정도 생존하는 개체도 있지만 대부분 수일 후에는 죽음을 맞이하게 됩니다. 반면, 기생충은 건강하게 우화하지요.

인간에게 미운털이 박힌 벌과 파리는 사실 정원과 밭의 '조정자'입니다. 생김새나 습성은 달갑지 않더라도 무척 강하고 유익한 생명체입니다. 하지만 애벌레를 집에 데려와 우화를 지켜보고 싶은 것이 인간의 마음입니다. 그러기 위해서 겉모습만으로 기생충이 있는지 구분 할 수 있는 방법을 소개하겠습니다.

가장 쉬운 방법은 작은 이물질이 붙어 있는지 확인하는 것입니다. 우윳빛이나 옅은 레몬색의 이물질이 붙어 있다면 그것은 기생충의 알이거나 애벌레일 것입니다. 처음에는 바깥에 서식하지만 부화하면 외부나 내부로 침입해 애벌레의 생명을 빼앗습니다. 만약 애벌레가 쭈글쭈글한 건포도 같은 것을 등에 지고 있다면 그것은 준비를 마치고 몸밖으로 나온 기생충의 고치입니다.

사실 기생충을 키우는 것도 재미있습니다. 애벌레와 기생충의 관계는 인생을 바칠 가치가 있을 정도로 심오하고 흥미로운 생명 과학의 세계로 새로운 발견이 끊이지 않는 영역이기도 합니다. "그래도 징그러워요"라고 말한다면 아직 애벌레의 매력을 알아차리지 못한 일반인입니다. 반면에 "우와 무늬가 참 세련됐군요. 정말 푹 빠졌어요"라고 말한다면 매력은 알아차렸지만 역시 사회 생활을 하기에는 곤란할 것 같습니다.

우화하는 것은 벌이나 파리

간혹 기생충의 유무를 겉모습으로 확인할 수 있어요. 체면이 있는 일반인이라면

아래와 같은 애벌레는 집에 데려가지 않는 것이 좋아요.

저는 잔뜩 데려가도 괜찮지만요

가져가세요! A

기생충의 애벌레를 얹고 있는 경우(체외 기생). 생명을 빼앗기지 않고서는 자랄 희망이 거의 없다.

가져가세요! B

몸속에서 자란 기생충(체내 기생)이 몸 밖으로 나와 고치를 만든 경우. 애벌레는 무사할 것 같지만 며칠 내로 숨을 거두는 경우가 많다.

몸 색깔의 변화로 알 수 있는 경우

몸 표면에는 아무런 흔적이 없지만 '체내 기생충'이 있는 경우. 몸의 색깔이 옅어질 수도 있다.

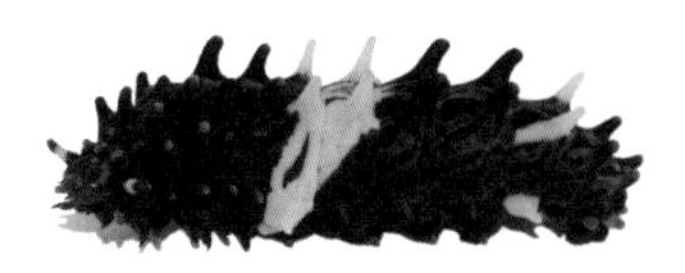

사향제비나비[10]의 사진. 왼쪽이 몸속에 기생충이 있는 개체[11]고, 오른쪽이 정상적인 몸 색깔이다.

10 학명 Byasa alcinous

11 체내 기생의 경우에는 겉모습으로 판단할 수 없는 경우가 많음

애벌레가 바라보는 세계

애벌레의 습성 중에 재밌는 것이 두리번거리며 주변을 살피는 것입니다. 기어다니는 도중에 머리를 들고 주변을 바라보는데 대체 어떤 세계를 보고 있을지 궁금한 분도 많을 것입니다.

우선, 애벌레의 눈은 얼굴의 가장자리에 붙어 있습니다. 호랑나비[12]를 예로 들면, 성충은 겹눈을 지니고 있으며, 겹눈을 구성하는 낱눈의 개수는 한쪽에 12,000개입니다. 그런데 애벌레 시절에는 인간으로 치면 뺨 근처에 각각 6개씩 총 12개의 작은 눈이 붙어 있습니다. 초점을 자유롭게 제어하지 못하기 때문에 영상 처리 능력은 초점이 나간 고정 카메라와 흡사합니다. 그래도 색채감각이 존재해서 '물체의 형상'을 구분할 뿐만 아니라 하늘의 빛 편광을 해석해 자신의 공간 위치를 파악할 수 있습니다. 할 수 있습니다. 게다가 번데기가 될 때는 주변 색깔(질감)을 판단해서 최적의 보호색을 만드는 특수한 능력이 있는 것으로 알려져 있습니다.

애벌레의 색채감각에서 주목해야 할 부분은 수정체 바로 아래에 있는 빛 수용기(봉상체)입니다. 거염벌레의 제5낱눈의 경우, 초록색, 파란색, 자외선에 반응하는 빛 수용 물질이 세포막 상에 밀집되어 있습니다. 여기서 흥미로운 사실은 한쪽에 6개씩 존재하는 낱눈은 각각 내부의 구조와 반응에 차이가 있다는 점입니다. 이 정보는 시신경엽에서 통합되는데, 결과적으로 애벌레의 영상 세계는 붉은색 계통이 빠진 푸른 세계라고 합니다.

시각 색소視覺色素는 시물질이라고도 불리는데, 옵신이라는 단백질과 발색단인 레티날이 결합하면서 만들어집니다. 절지동물의 경우에는 레티날과 디하이드로레티날, 3-하이드록시레티날이 있는 것으로 알려져 있는데 시물질이 변질되면서 자극이 전파됩니다.

---

12 학명 Papilio xuthus

거염벌레의 머리(오른쪽에서 바라본 모습)[13]

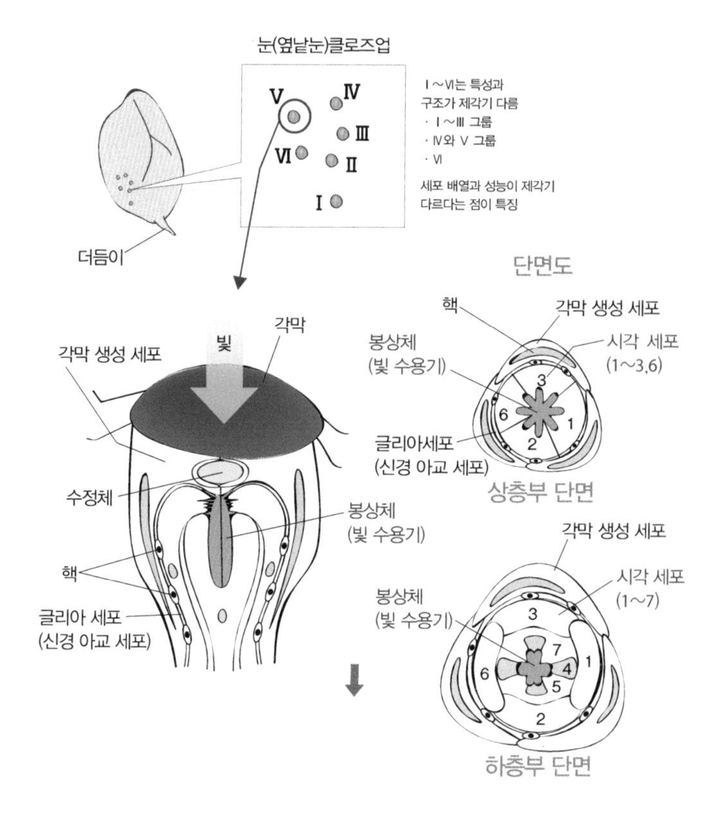

1. 각막과 수정체가 '렌즈계'를 구성하고 빛의 정보를 봉상체와 시각 세포로 집약한다.

2. 봉상체의 세포 표면에는 시물질이 늘어서 있으며, 옆낱눈 5의 시물질을 예로 들면 일곱 형태의 빛 수용기가 존재한다. 이 중 네 개가 초록색, 하나가 파란색, 나머지 두 개가 자외선에 반응하는 구조다.

3. 번데기가 되면 옆낱눈의 역할은 끝이 난다. 하지만 기본 시스템이 뇌 속으로 이동하여 안외 빛수용기로 새로운 역할을 해낸다. 벌레의 에너지 절약과 재활용 철학에 놀라지 않을 수 없다.

---

13 Ichikawa, T . and Tateda, H.Distribution of Color Receptors in the Larval Eyes of Four Species of Lepidoptera, 1982.

시각 진화의 미스터리

생물이 가진 저마다의 광학 시스템 차이는 소름이 돋을 정도의 흥분을 가져다주기도 합니다.

예컨대 인간의 눈과 애벌레의 눈을 비교해 보자면(오른쪽 페이지) 그 차이는 더욱 분명합니다. 그렇다고 애벌레가 인간과 비교했을 때 뒤떨어지는 것도 아닙니다. 시물질의 배치를 보면 애벌레의 옆낱눈의 경우, 빛이 들어오는 부분 바로 아래에 시물질이 있습니다. 당연히 이것은 효율적으로 몹시 뛰어납니다. 반면에 인간의 시각 세포와 시물질은 빛을 직접 받아들일 수 없을 정도로 깊은 곳에 있습니다. 고등 동물일수록 이러한 경향이 짙은데 언뜻 보면 비효율적일 것 같지만 화상 처리 능력은 곤충보다도 훨씬 뛰어납니다. 하지만 왜 이렇게 변화했는지는 여전히 수수께끼입니다.

또한 고등 동물일수록 붉은색 계열에 강하게 반응하고, 곤충 등은 자외선 계열에 편향되어 반응한다는 차이점도 흥미롭습니다. 생활 방식의 차이에서 비롯된 것이라고 생각되지만 그것이 왜인지 생각하다 보면 인간의 상상력의 끝은 어디까지일까 궁금해지기도 합니다.

애벌레의 눈에는 더욱 재밌는 사실이 있는데, 애벌레가 번데기가 되었을 때 신체 대부분의 기관이 용해되지만, 옆낱눈의 일부는 그대로 보존되는데 이것이 바로 뇌 속으로 이동합니다.

이 뇌 속의 눈은 특수한 빛 수용기가 되어 외부 세계의 변화를 감지해 체내 리듬을 조절하는 역할을 합니다. 이런 기본적인 시스템은 인간의 뇌에도 존재하는데, 곤충과 매우 흡사합니다. 곤충의 뇌 연구가 치열하게 진행된 것도 인간의 치료에 도움이 될지도 모른다는 생각이 시작이었습니다.

애벌레의 시각계

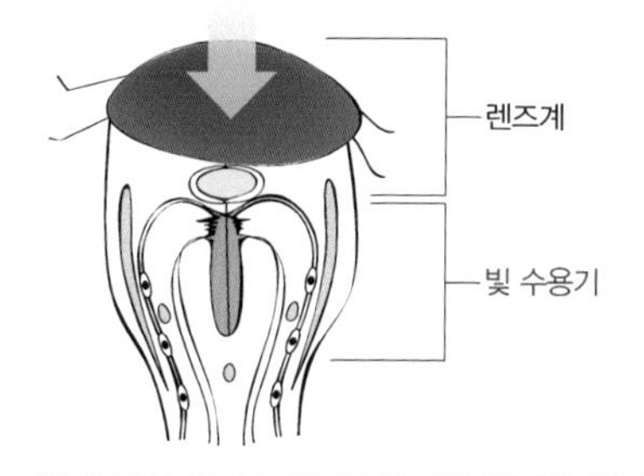

렌즈계에서 집약된 자극 정보는 바로 아래에 있는 빛 수용기에서 처리된다. 효율은 높고 화질은 떨어진다. 그러나 인간과 곤충은 필요한 정보가 본질적으로 다르기 때문에 분석 능력이 뒤떨어지는 것이 아니라는 점에 유의해야 한다.

인간의 시각계

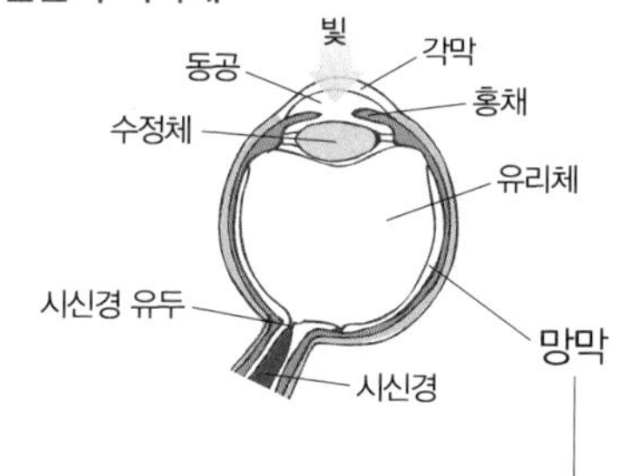

렌즈계에서 집약된 정보가 빛 수용기로 도달하기까지 우여곡절을 겪는다. 효율은 떨어지지만 정보량과 화상 처리 능력은 매우 뛰어나다. 생각할수록 신비로운 시스템이다.

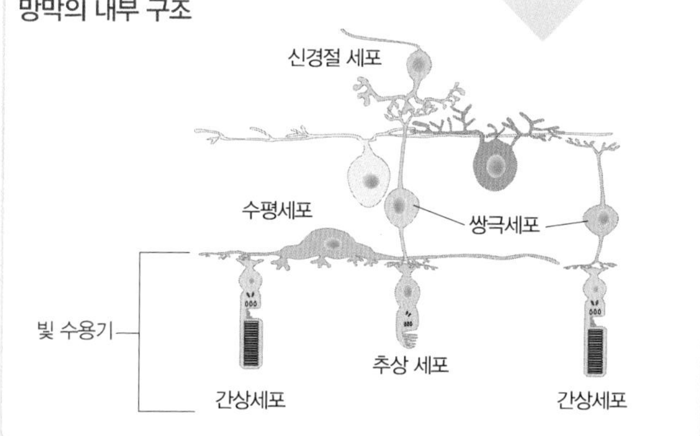

꿀벌로 해충 퇴치

애벌레의 눈이 생각보다 좋다고 해도 위험을 감지하기에는 부족한 면이 있습니다. 그래서 대신 발달한 것이 바로 '털'입니다. 그렇다면 모충毛蟲에게는 왜 수많은 털이 달려 있을까요?

애벌레의 북슬북슬한 털은 장애물에 부딪혔을 때 쿠션 역할을 하고, 물과 오물을 튕겨내거나 체온을 유지하는 데 도움이 됩니다. 또한 이 털이 독털로 변하기도 합니다. 채소에게 해충인 거염벌레 같은 경우에는 청각을 위해 털을 발달시키기도 합니다.

거염벌레의 등에는 미세한 털이 나 있는데, 일반적인 거염벌레라면 천적인 사냥 벌의 날갯소리가 70cm 이내로 다가오면 도피 행동을 취합니다. 그렇다면 이 털을 제거하면 어떻게 될까요? 채집통에 천적인 사냥 벌을 풀어놓았을 때 가엾은 희생양이 얼마나 생기는지 실험해 보았습니다. 등에 난 감각털을 제거한 쪽은 70%였고, 정상적인 거염벌레는 약 30%에 지나지 않았습니다. 즉, 천적에 대응하기 위해서는 시각뿐 아니라 감각털 등의 몸 표면의 기관으로 공기 중으로 전파되는 진동을 감지한다는 것을 알 수 있습니다. 별것 아닌 것 같이 보이는 부위지만 곤충은 이를 최대한 활용하고 있습니다.

또 하나 가치 있는 실험이 있습니다. 체구가 작고 꽃꿀에만 관심을 보이는 꿀벌조차도 거염벌레를 벌벌 떨게 만드는 데 충분하다는 사실을 발견했습니다.

우선 온실에 채소를 키워 그곳에 활발한 파밤나방[14]을 풀어놓습니다. 첫 번째 온실의 구석에 꿀벌통을 놓고, 대각선 구석에 먹이 상자를 설치합니다. 재배 식물 위를 통과하도록 만들어 놓는 것입니다. 두 번째 온실에는 꿀벌이 들어오지 못하도록 차단해 놓습니다. 그러면 오른쪽 그림과 같은 충격적인 결과가 벌어집니다. 이것을 연구한 사람이 있다는 사실도 놀랍습니다.

---

14 학명 Spodoptera exigua

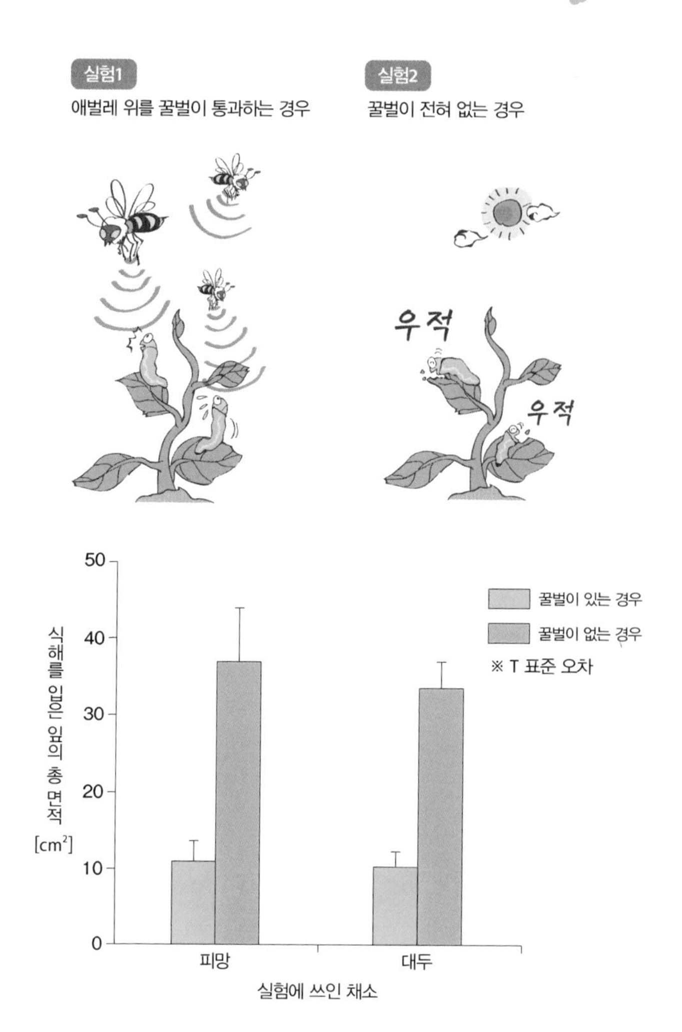

▲꿀벌의 비행이 애벌레를 공포에 질리게 만들어 식사를 방해했고, 결과적으로 식해가 줄었음을 알 수 있다.

슬기로운 집단생활

나비와 나방의 애벌레는 혼자 사는 것을 선호하고 소수에 가까운 종만 집단생활을 합니다.

애벌레 대부분이 집단생활을 선호하지 않는 이유는 단점이 명확하기 때문입니다. 먼저 눈에 띄어서 천적의 표적이 되기 쉽습니다. 두 번째는 먹이 경쟁이 생깁니다. 마지막은 감염병이 퍼지기 쉽습니다.

반대로 장점은 천적을 감시하는 눈이 많아지고 양질의 먹이를 구하는데 효율적입니다. 세 번째는 서로의 몸을 맞대면 체온 조절에 용이해서 발육 속도가 빨라지는 것이고 마지막으로 실로 둘러친 텐트를 만들어서 천적으로부터 몸을 피하고 체온 조절도 기대할 수 있다는 점을 들 수 있습니다.

집단으로 생활하는 애벌레를 키우게 되면 앞서 장점으로 말한 첫 번째와 두 번째의 특수 행동을 쉽게 관찰할 수 있어서 재밌습니다. 특히 이파리 한 장에 모두 있기에는 무리라는 생각이 들 정도로 많은 애벌레가 모였을 때는 가장 활발한 애벌레가 다른 잎으로 옮겨가는 모습을 볼 수 있습니다. 그다음으로 활발한 애벌레들이 이를 따라가는 모습은 몹시 신비롭고 사랑스럽기까지 합니다. 더불어 애벌레의 지성과 습성을 엿볼 수 있는 귀한 순간이기도 합니다.

집단생활을 즐기는 종이라 해도 중령기가 되면 흩어지는 경우가 많습니다. 그러나 바로 흩어지는 것이 아니라 한동안은 소집단으로 활동하고 다 자란 후에 혼자만의 삶을 즐기는 경우가 많습니다.

집단생활의 최대 장점은 세 번째와 네 번째의 발육 가속입니다. 만약 기온이 낮아진다면 애벌레의 몸은 잘 움직여지지 않아서 식사와 발육 속도에 제한이 생깁니다. 집단생활을 하며 체온을 확보하면 문제가 해소되면서 빠르게 우화하여 번식과 먹이 확보의 우위를 선점할 수 있게 됩니다.

슬기롭고 불편한 집단생활

주요 장점	주요 단점
눈에 잘 띄어 천적에 대한 위협 효과를 기대할 수 있다.	눈에 잘 띄어 천적의 표적이 되기 쉽다.
양질의 먹이를 발견하고 공유할 수 있다.	먹이 경쟁이 발생하기 쉽다.
체온 조절이 가능하다. 발육 속도가 빨라진다.	전염병이 퍼지기 쉽다.

즐거운 여행길

A. 선발대가 신선한 어린잎을 탐색한다.
B. 선발대는 실을 남겨 놓는다. 이 실에는 미세한 방향 물질이 함유되어 있어 길잡이가 되어 준다.
C. 밀집지에서 후발대가 출발한다.
혈연과 관계없이 다른 가족끼리도 협동한다.

생활 양식에 주의할 것

애벌레를 키울 때 집단생활을 선호하는 종이라는 이유로 집단생활을 시킨다면 예상치 못한 일이 생길 수 있습니다. 초식성 애벌레라도 갑자기 서로를 먹는 특수한 행동을 보이는 경우가 종종 발생하기 때문입니다. 예를 들어 사향제비나비(88쪽)는 사이좋게 몸을 맞대고 식사를 즐기지만 먹이가 부족해지면 돌변해서 서로를 잡아먹기 시작합니다. 부전나비과도 이런 경향이 짙은 편입니다. 몸집이 작다는 이유로 채집통에 여러 개체를 넣어 버리면 차마 설명할 수 없는 이야기가 펼쳐지고 맙니다. 배추흰나비 애벌레의 경우에 서로 잡아먹는 일은 없지만, 알을 먹어 치우는 일이 종종 벌어집니다.

참나무산누에나방(74쪽)은 조금 특이합니다. 어미 나방은 수십 개의 알을 한 번에 낳는데, 이들은 초기부터 단독성이 짙어서 채집통에 넣고 한꺼번에 기른다면 스트레스가 쌓여 서로를 물어버립니다. 잡아먹는 일은 아니지만 때때로 큰 부상을 입기도 해서 나방이 되기 전에 전염병 등으로 죽게 됩니다. 이처럼 종에 따라 차이가 크기 때문에 애벌레를 키우게 된다면 종마다 다른 주의 사항이 있는지 확인할 필요가 있습니다.

동족상잔은 주로 식량 부족 때문에 일어납니다. 배를 움켜쥔 채로 기어가고 있을 때, 근처에서 맛있는 풀 냄새를 맡고 자신도 모르게 입에 넣고 마는 것과 같습니다. 키울 때는 '채집통 하나에서 세 마리 이상을 키우지 않는다', '먹이를 충분히 준다'와 같은 규칙을 잘 지킨다면 큰 문제 없이 잘 키울 수 있을 것입니다.

키울 때 주의 사항의 상세 내용은 제3장 이후에 다시 소개하겠습니다.

첫 사육 수첩

같은 종족을 서로 잡아먹는 일은 자연계에서 흔한 일이다. 애벌레에게 악의는 없다. 이러한 참극을 피하기 위해서는 아래의 포인트를 잘 기억해 두자.

많은 것이 좋다

먹잇감을 근처에서 조달할 수 있는지가 무척 중요하다. 냉장 보관(36쪽)도 좋다. 애벌레가 다 먹지 못할 정도로 충분히 넣어 주면 식량 위기로 인한 동족상잔이나 영양실조는 걱정하지 않아도 좋다.

적은 것이 좋다

시중에 유통되고 있는 채집통에서 키운다면 통 하나에 한 마리에서 세 마리 정도만 넣도록 하자. 몸길이 6cm이상의 대형종은 통 하나에 한 마리가 안전하다. 환경 악화는 스트레스를 유발하므로 하루에 한 번이나 며칠에 한 번씩은 청소도 해 준다.

휴지를 깔아두면 편리함

스트레스에서 해방된
애벌레는 건강하고
즐겁게 생활한답니다.
동물행동학의
묘미를 느껴 보세요.

중요한 변 이야기

식사와 함께 빼놓을 수 없는 것이 바로 변입니다. 애벌레는 언제나 마음을 졸이면서 변을 눕니다. 이는 목숨과 직결되는 중대한 일이기 때문입니다.

예를 들어, 호랑나비과는 신호가 오면 이파리 끄트머리에서 엉덩이를 내밀고 용변을 봅니다. 아무리 조심해도 어쩔 수 없이 변이 나뭇잎 위에 떨어지는 경우가 있는데, 그럴 때는 조심스럽게 변을 입에 물고 바깥으로 던져 버립니다. 이처럼 배설물 처리에 철저한 이유는 자신의 존재를 천적에게서 숨기기 위함입니다.

애벌레를 찾을 때 잎을 뜯어 먹은 흔적을 찾는 것은 초심자이고 중급자가 되면 변을 찾아 나섭니다. 실제로 이 방법은 애벌레를 잡아먹는 사냥벌들도 하는 생각이기에 꽤 설득력이 있습니다. 사냥벌은 지면에 굴러다니는 변을 발견하고는 더듬이로 냄새와 신선도, 먹잇감의 크기를 계측하고 추리해서 이 정도라면 괜찮다는 생각이 들 때 날아올라 탐색을 시작합니다. 그러니 애벌레가 서식처 근방에 신선한 변을 방치하는 일은 자신의 존재를 드러내는 일과 다를 것이 없습니다. 하지만 예외적으로 변을 은폐하기 위한 것으로 사용하는 녀석도 있습니다. 무척 복잡하지만 그래서 더 흥미롭기도 합니다(176쪽).

한편 애벌레는 얼마나 자주 용변을 볼까하는 궁금증 때문에 잠 못 이루는 밤을 보내는 사람도 많을 것입니다. 이런 분의 숙면을 위해 오른쪽 표를 준비했습니다. 산호랑나비만 횟수가 적은 이유는 애벌레 기간이 짧고 변이 크기 때문입니다. 오른쪽 페이지의 표가 여러분의 예상과 맞아떨어지는 결과인가요? 더 상세한 데이터를 위해 암컷 사향제비나비의 예시도 넣었습니다. 이것은 제가 출장 갔을 때 암컷 사향제비나비를 함께 데려가 매일 밤 용변 보는 횟수를 세어 본 것입니다.

변을 보기 딱 좋은 날

애벌레가 평생 변을 보는 횟수는?

종	애벌레 시기	먹이	용변 횟수
호랑나비	27일	산초나무	1,215회
산호랑나비	17일	회향풀	438회
청띠제비나비	24일	녹나무	1,442회
큰줄흰나비	20일	한련화	935회

애벌레 육아 일지

사향제비나비(2012년 가을)의 경우. 매일 정시(21:00)에 계측

날짜	상태	몸길이	몸높이	용변	특이 사항
8/31	알 채취				
9/2	부화	3.0mm	1.1mm	15회	
9/3		6.2mm	2.0mm	71회	잠[15] → 탈피
9/4	이령 애벌레	7.8mm	3.0mm	56회	
9/5		8.0mm	3.0mm	97회	잠 → 탈피
9/6	삼령 애벌레	10.1mm	3.3mm	8회	
9/7		15.1mm	4.5mm	69회	
9/8		15.3mm	5.3mm	56회	잠 → 탈피
9/9	사령 애벌레	17.0mm	6.5mm	0회	
9/10		25.3mm	8.0mm	44회	
9/11		27.0mm	8.3mm	89회	
9/12		27.0mm	10.5mm	33회	잠 → 탈피
9/13	오령 애벌레	30.0mm	9.2mm	10회	
9/14		39.0mm	11.0mm	50회	
9/15		42.0mm	12.6mm	110회	
9/16		43.0mm	12.6mm	76회	
9/17		47.0mm	14.7mm	123회	
9/18		42.0mm	14.4mm	87회	
9/19		36.5mm	15.0mm	15회	번데기 직전
9/20	번데기화				
10/3	우화(암컷)			총횟수: 1009회	

15 탈피 및 번데기화 전에 24시간 정도 활동하지 않는 시기

호랑나비과 애벌레는 왜 뿔이 있을까?

삐쭉 튀어나온 호랑나비과 애벌레의 뿔은 어떤 역할을 할까? 천적을 위협한다는 해석은 궁금증이 해소되기에는 만족스럽지 않습니다.

전문가가 취각臭角이라고 부르는 뿔은 호랑나비과의 종에 따라 크기나 색에 차이가 있습니다. 호랑나비나 남방제비나비 애벌레의 더듬이는 박력이 넘치지만, 사향제비나비, 남방제비나비, 꼬리명주나비 등은 콧물 같은 것이 살짝 튀어나와 있을 뿐입니다. 이들의 뿔에서 나는 코를 찌르는 냄새는 공통적으로 주식인 풀에 포함된 자극 성분에서 유래합니다. 즉, 뿔은 유해성 자극 물질로 구성되어 있습니다. 이밖에도 다양한 성분으로 구성되어 있지만 이 냄새에서 어미의 산란을 유도하거나 애벌레의 식욕을 자극하는 성분도 포함되어 있다고 할 때 흥미로워집니다.

그렇다면 애벌레의 대표적인 천적인 새를 예로 들어 생각해 보겠습니다. 새는 주로 초령에서 중령까지의 애벌레를 집에 데리고 갑니다. 즉, 취각은 그리 도움이 되지 않습니다. 기생벌이나 기생파리가 붙으면 애벌레는 머리를 흔들면서 취각을 이용해 이들을 쫓아내려고 하지만 결국 상대방의 기민함에 실패하고 맙니다. 그렇다고 이 아이디어가 쓸모없는 계획일까요?

그러나 아직 개미가 남아 있습니다. 엄청난 수의 군대를 거느린 사나운 개미는 언제나 근처에서 기회를 엿보며 애벌레의 가장 연약한 시기인 초령과 중령에 공격을 개시합니다. 취각의 주성분인 지방산류와 테르펜류는 개미에게 치명적인 피해를 입힐 수 있습니다. 호랑나비 애벌레를 노리는 풀개미 등이 직격타를 맞으면 사망할 정도입니다.

가장 가까운 곳에 있는 천적에게 걸맞게 발전한 것이 바로 취각입니다. 가장 큰 천적인 인간에게도 효과적이니 아주 쓸모가 없는 것은 아닙니다.

 애벌레의 비기 '냄새뿔'

파스텔색의 비장의 카드

변태變態를 제어하는 호르몬

화려한 모습으로 변모하는 자태는 변신에 대한 욕망이 강한 인간에게 동경심과 더불어 호기심을 불러일으킵니다.

호르몬은 '자극하다'의 그리스어인 horman에서 유래했습니다. 곤충계 호르몬의 매력을 처음으로 세계에 알린 것은 1917년 매미나방으로 현재까지 활발히 연구되고 있습니다.

애벌레가 탈피와 우화를 하기 위해서는 주로 세 개의 명령 계통에서 발령되는 호르몬이 필요합니다. 먼저 유약 호르몬은 뇌 근처에 있는 알라타체에서 분비되는 것으로 탈피와 수면을 관장하며 우화한 후 난소나 정소의 성숙을 촉진하고 페로몬의 생합성을 돕는 등 완전 변태 생물에게는 없으면 안 되는 중심적 호르몬입니다. 다음으로 탈피 호르몬은 앞가슴샘에서 분비되는 명령서로 이번 탈피가 애벌레 생활을 지속하는가 혹은 번데기가 되는가에 관여합니다. 몸속에 유약 호르몬이 충분할 때 탈피 호르몬이 분비되면 애벌레는 한 겹 벗어 던질 뿐이며, 유약 호르몬이 부족할 때 탈피 호르몬이 분비되면 드디어 번데기화를 맞이하게 됩니다. 마지막으로 우화 호르몬은 번데기 안에서 탈피 호르몬이 충분할 때 뇌에서 분비되어 우화를 개시하게 됩니다. 더불어 부르시콘이라는 호르몬은 번데기나 몸 표면의 경화를 위해서 중요한 호르몬입니다.

모든 호르몬이 절묘한 균형을 이루며 조절되고 있는데, 현대 과학 기술로도 아직 규명되지 않은 점이 많습니다. 해충 박멸을 위해 호르몬을 조절하는 방안도 연구되고 있지만, 그리 쉽게 진행되지 않고 있는 것이 현재 상황입니다.

66쪽에서 본격적으로 번데기의 기묘한 세계에 대해 안내하겠습니다.

잊을 만하면 찾아오는 변태

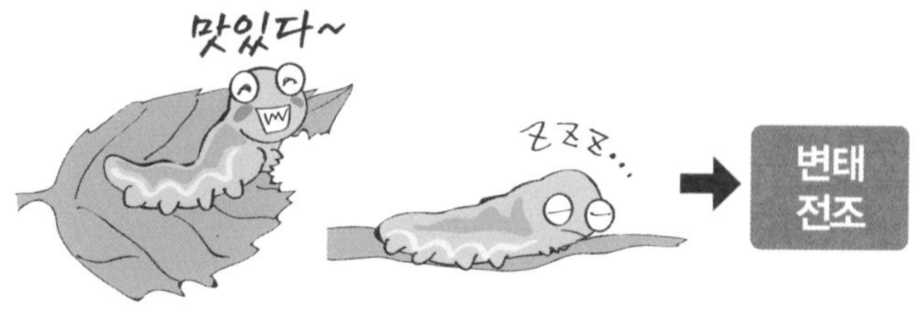

건강하게 잘 먹던 애벌레가 어느 날부터 전혀 먹지 않는다.

이때, 몸속에서 일어나는 엄청난 변화

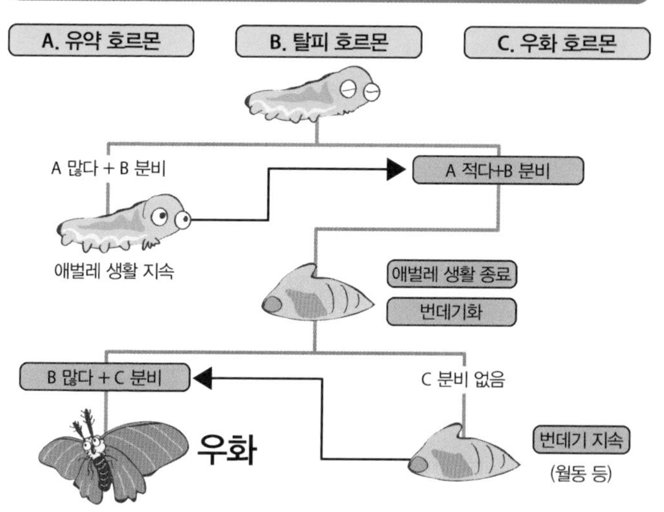

한 가지 호르몬으로 결정되지 않고 여러 호르몬이 협동하고 있다는 사실에 주목한다. 정밀한 시스템으로 환경 변화에 적응하고 있다.

해충 구제를 위한 농약 중에는 이 복잡하고 섬세한 호르몬 분비를 저해하여 우화 장애와 불임을 유발하는 것이 있다.

번데기의 서커스

애벌레도 독특하지만, 번데기는 신비로움으로 가득한 존재입니다. 특히 기묘한 생김새가 많은 사람을 놀라게 합니다.

흰나비과나 호랑나비과는 띠실을 두르고 번데기가 되는데 우선 엉덩이를 고정하기 위한 방석을 깔고 실을 몇 겹씩 겹쳐서 엉덩이에 난 돌기를 방석에 걸어 둡니다. 띠실은 그 이후부터 두르는데 이것은 스스로 감싸는 포대기 같은 것으로 대략 5~7번 왕복하여 실을 감는 곡예를 선보입니다. 띠실은 번데기가 나뭇가지와 벽면 등의 자신이 좋아하는 장소에 몸을 고정할 수 있도록 도와줍니다. 이 모습을 관찰하는 것만으로도 무척 즐겁습니다.

네발나비과는 수용垂蛹이라는 독특한 자세가 돋보입니다. 엉덩이에 방석을 까는 방식은 호랑나비과와 동일하지만, 네발나비과는 거꾸로 매달린 자세를 취합니다. 애벌레의 모습 그대로 허공에 매달려 있기에 모습이 조금 우스워 보이기도 하지만 네발나비과만의 특징입니다. 보통은 잎사귀 뒤, 나뭇가지, 줄기 등의 정해진 장소에서 번데기가 되고 사육 환경에서는 뚜껑이나 천장과 같은 곳이 적합합니다.

부전나비과는 잎사귀 뒤나 지면에 떨어진 낙엽에 붙어 띠실을 두르고 번데기가 됩니다. 키우는 경우에는 낙엽 등을 주어다가 깔아 두면 좋습니다. 나방도 나비와 마찬가지로 낙엽을 깔아 두면 좋습니다. 특히 흙 안에 들어가는 성질이 있는 종은 흙이나 흙을 대신할 만한 것을 깔아 두면 좋습니다.

나비와 나방은 번데기가 되기 전에 확실한 전조 증상을 보입니다. 우선 식음을 전폐하고, 호랑나비류나 박각시나방류의 경우에는 몸속의 노폐물을 모두 내보내기 위해 설사를 합니다. 그리고 꼬박 하루를 잠든 후 마지막 작업에 들어갑니다. 그러니 사육 환경을 정비한다면 이 시기에 맞추는 것이 좋습니다.

	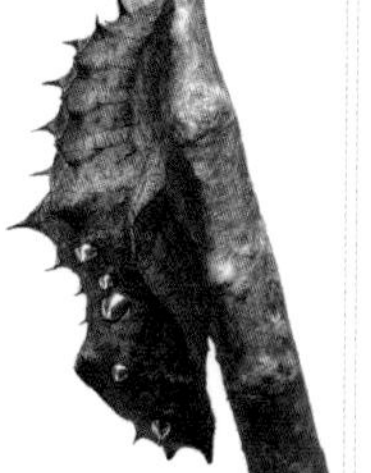	
청띠제비나비	암끝검은표범나비	박각시
띠실 유형	수용 유형	지중 번데기화 유형[16]
엉덩이로 몸을 고정하고 띠실(화살표)로 몸을 지지한다.	엉덩이로 몸을 고정해 거꾸로 매달려 있다.	땅속에 방을 만들어 번데기화한다. 따로 고정하지 않는다.

개성 넘치는 자연 예술

같은 호랑나비과라도 각자 개성적인 모습을 자아낸다

산호랑나비

멤논제비나비

사향제비나비

청띠제비나비

일본에는 이색적인 예술가가 많다

뮬키베르점박이왕나비
(미수록 종)

이데아왕나비
(미수록 종)

줄나비

16 기본적인 유형의 예: 실제는 예외도 많음

우화 이해하기

마술의 트릭을 알고 허무해지는 경우는 있지만 완전 변태의 트릭은 알면 알수록 미궁에 빠지게 됩니다.

단순한 막대기형 생물이 미려하고 복잡한 날개와 함께 커다란 겹눈과 더듬이, 빨대 같은 입, 사랑을 위한 페로몬과 생식기 등을 한 번에 얻게 되니 번데기 내부에서는 엄청난 일이 일어나게 됩니다. 비밀이 담겨 있는 번데기를 가르면 지방질이 왈칵 쏟아져 나옵니다. 놀랍게도 그전까지의 모습은 전혀 남아 있지 않습니다. 하지만 뇌와 신경 일부분은 앞서 말한 호르몬 분비기관 등의 일부 조직만이 남아 신체의 재구축을 지휘하고 감독하며 원대한 개혁을 조용히 진행합니다. 번데기 기간은 종에 따라, 혹은 계절이나 환경에 따라 달라집니다. 청띠제비나비의 경우에는 2주 정도의 번데기 기간을 거치게 됩니다. 이 변화를 이해한 후 극적인 탄생의 순간을 마주해 보는 것도 좋습니다.

번데기는 무척 단단하고 불투명한 것처럼 보이지만 신체가 완성되면 나비의 형태가 점점 드러납니다. 번데기의 성숙이 진행되면 전체가 거무스름하게 바뀝니다. 안쪽 날개 색깔이 비쳐 보이는 것입니다. 그리고 이 시점부터 약 48시간 후, 우화가 시작됩니다. 날개 무늬가 명확히 보이기 시작하면 약 24시간 후에 우화가 이루어집니다. 번데기 껍질에서 검은 날개가 서서히 벗겨지는 모습이 보이고, 곧이어 배가 껍질에서 나오면 몇 시간 이내로 우화를 마치게 됩니다. 우화 직전에 번데기는 몸을 비틀면서 자그마한 소리를 냅니다. 그 찰나의 순간에 번데기의 등이 열리면서 우아하고 아름다운 몸이 스륵 하고 빠져나옵니다. 수십 초간 이루어지는 신비로운 현상은 보고 있으면 눈물이 나올 정도입니다.

우화의 신호와 유형 예시

청띠제비나비 우화 과정[17]

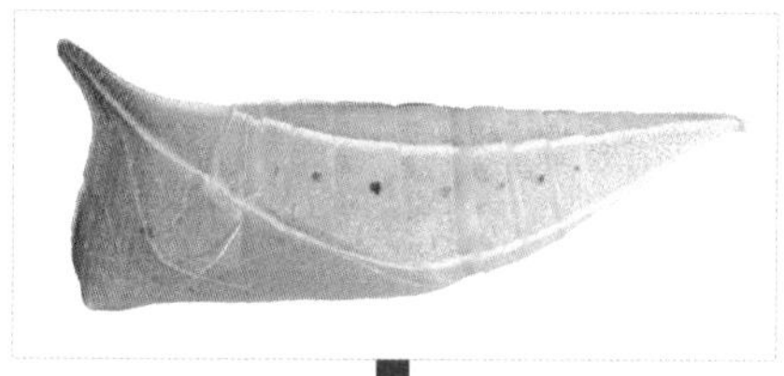

번데기화 이틀 후

번데기가 된 다음 날부터 우화 전 날까지는 이 색깔을 유지한다.

우화 두 시간 전

① 우화 전날부터 번데기가 검게 변한다.

② 우화 수 시간 전이 되면 날개 모양이 비쳐 보인다.

우화 30분 전

번데기가 하얗게 변한다. 안쪽의 성체가 번데기 껍데기에서 박리했다는 증거로, 우화 직전에 보이는 징조다.

우화

① 우화 직전, 엉덩이 끝부분이 서서히 움직인다.

② '빠직'하는 자그마한 소리가 난다.

③ 등 부분부터 껍데기를 뚫고 나온다. 몇 초간만 자세를 유지하고 있으므로 사진을 찍을 소중한 순간이다.

17 모든 과정의 진행은 계절, 날씨, 기온, 습도 등에 따라 달라질 수 있음

인류 최대의 걸작 누에나방 ①

누에나방은 야생에는 존재하지 않는 독특한 종으로 약 5천 년 전의 중국은 왕조 시대에 이미 가축화가 됐습니다. 일본에 도래한 것은 약 2천 년 전으로의복용으로 비단이 사용되었습니다.

현재 일본에서 누에나방을 자유롭게 키우기는 어렵습니다. 이미 완전한 인공 산물이 되었기 때문에 자연계의 유전자 오염을 방지하기 위한 관리가 필요합니다. 그러나 종류가 무척 방대하기 때문에 양잠 농가에서는 시장이 원하는 품종을 키우는 경우가 많습니다. 오른쪽 페이지의 사진은 '금추 1호 × 종화 1호'라는 이름의 누에입니다. 이처럼 일본에서 개량되어 명맥을 잇고 있는 종은 무려 600종에 달합니다(일본 농업생물자원연구소 자료에서 발췌).

누에나방의 알은 나가노현이나 에히메현에 있는 종자 가게에서 관리합니다. 양잠 농가가 해당 지역 조합에서 수령할 수 있는 것은 3령까지 자란 후의 애벌레로 사육 개시일로부터 17~20일이 지나면 고치를 만들기 시작합니다.

누에나방은 먹성이 엄청나 순식간에 자라고, 몸길이만 해도 대형 박각시나방에 맞설 정도입니다. 누에나방이 있는 잠실에 들어설 때면 빗소리가 들들립니다. 이것은 누에가 뽕나무를 갉아 먹는 소리, 변을 떨어트리는 소리로 엄청난 몸집만큼이나 엄청난 규모로 울려 퍼집니다. 누에나방의 유백색 몸을 잘 살펴보면 옅은 물빛의 푸른색을 띠고 있으며 등에는 C자 마크가 새겨져 있습니다. 그중에는 몸이 노란빛을 띠는 경우도 있는데 명주실의 원료를 만드는 기관인 견사샘이 발달해서 비쳐 보이기 때문입니다. 이것을 보면 누에가 잘 자라고 있다는 것을 알 수 있습니다.

누에가 뽕나무를 먹는 모습을 보고 있으면 왜인지 마음이 편안해집니다. 고치를 만들기 시작할 때는 절로 응원하고 싶어질 만큼 누에는 열성적입니다. 누에는 와삭거리는 소리를 내면서 봉긋한 고치를 만들어 내는데, 아주 드물게 쌍고치라 불리는 두 마리가 함께 고치를 만드는 모습을 볼 수도 있습니다. 완성된 고치는 푹신푹신한 베개같이 네모난 모양을 하고 있습니다.

누에나방 *Bombyx mori* 누에나방과

품종명: 금추 1호 × 종화 1호

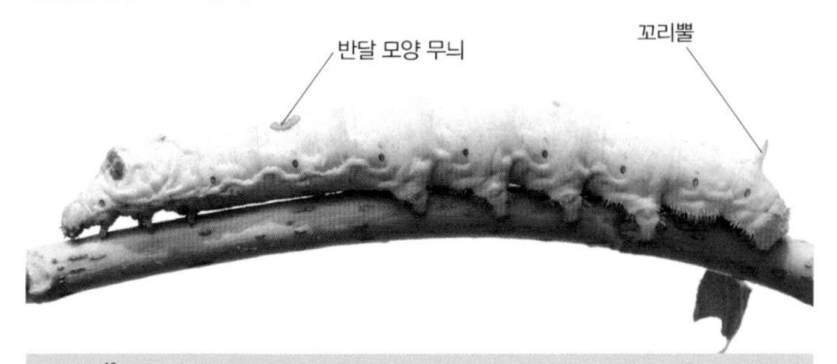

몸길이:[18] 70~100mm
애벌레 시기: 인공 환경하에서 1년
분포: 자연 분포하지 않음
식성: 뽕나무

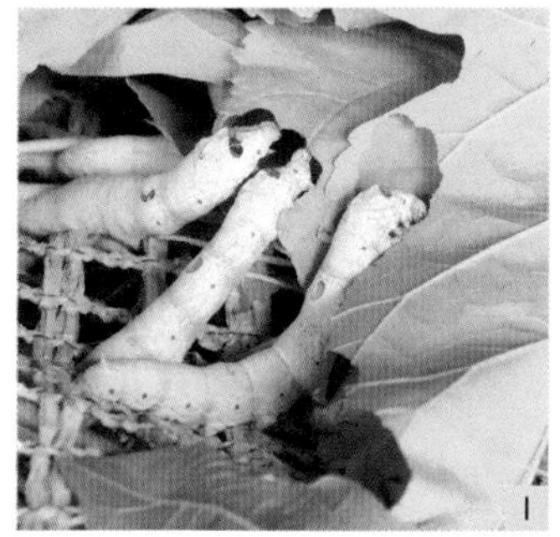
I

II

III

I
밤낮없이 식사에 매진한다. 신선한 잎을 계속 공급해야 하므로 양잠기에는 무척 바쁘다.

II
두 마리의 암컷이 산란한 알의 총 개수는 1,957개. 하나의 고치에서 얻을 수 있는 비단은 1,200~1,500m에 달한다.

III
성충: 날개 편 길이 약 70mm. 부드럽고 아름다운 날개를 지니고 있지만 날지 못한다. 걷는 모습이 사랑스럽다.

18 몸길이, 몸 색깔은 품종에 따라 다름

고급 실크의 저력
누에나방 ②

같은 실크라고 해도 품질에는 엄청난 차이가 있습니다. 누에나방의 품종에 따라서 광택, 감촉, 함유 성분 등에 차이가 있으며, 색감도 차이가 나는 것입니다.

일본 사이타마현 지치부시에서 'HONDA silk works'를 운영하고 있는 혼다 유지, 사쿠라 부부는 양잠 농가를 운영하면서도 실 짓기와 염색, 직물까지 모든 공정을 도맡고 있는 장인입니다. 보통의 작업 과정은 분업화가 이루어져 자신의 담당 공정 전후 과정밖에는 모르는 것이 현실입니다. 누에가 아무리 훌륭한 실을 토해내도 실을 뽑는 작업을 제대로 하지 않으면 염색도 직물도 엄청난 차이로 품질이 떨어집니다. 그러나 부부는 전통 기구를 이용해 손끝으로 감촉을 확인하면서 정성 들여 뽑아낸 실을 미리 준비한 최고급 염료로 염색합니다. 염색 과정만 해도 시중의 제품과는 다른 최고급 염료를 사용합니다. 그렇게 시중에 판매되고 있는 제품과는 차원이 다른 아름다움과 감촉과 누에가 숨을 쉬는 듯한 의복이 완성됩니다.

앞에서 말한 것들 외에도 실크의 힘은 무궁무진합니다. 혼다 부부의 손은 실크를 다뤄서인지 무척 부드럽고 실크를 이로 자르는 습관이 있는 장인의 입술은 한 부분만 광택이 납니다. 화장품이나 식품에도 실크 파우더가 들어가는데 이것은 실크 섬유에 함유된 아미노산이 특수하다는 것에 착안해 만들어진 제품입니다. 실험 쥐에게 경구 투여한 실험에서는 혈중 알코올과 콜레스테롤 농도 저하, 당뇨병 개선, 혈압 저하 등의 효과를 얻고 알츠하이머형 치매의 원인으로 알려진 아밀로이드 베타로부터 신경 세포를 보호하면서 아세틸콜린의 농도를 향상시켜 증상을 완화한다는 연구 결과를 얻었습니다.

누에에게 뽕잎을 주는 작업
아이에게 친절히 체험 지도를 하는 모습

Honda Silk Works[19]

실 뽑기

실크 지치 염색
호화스러운 '생물'들의 경연

---

19 아래 작업 중인 사진: 앞쪽에는 혼다 사쿠라 씨, 안쪽에는 혼다 유지 씨

세계 최고 모충의 다이아몬드
참나무산누에나방 ①

참나무산누에나방은 잡목림 등에 서식하는 나방입니다. 성충은 털을 두른 듯한 금빛 갈색의 거대한 날개를 지닌 나방의 정석 같은 모습을 하고 있습니다. 애벌레가 만들어 내는 실은 섬유계의 다이아몬드라고 불리며 세계에서 사랑받고 있습니다.

한여름인 8월에 참나무산누에나방은 잡목림에서 조용히 사랑을 속삭입니다. 식사는 하지 않기 때문에 입술, 이, 혀 등 음식을 섭취할 때 필요한 기관이 없습니다. 혼인과 산란에 집중한 성충은 졸참나무나 상수리나무의 가지 끝에 수십 개의 작은 찐빵 같은 알을 낳고 길거리에 쓰러집니다. 참으로 덧없는 생처럼 느껴집니다.

성충이 낳은 알은 그 자리에서 겨울을 지내고 이듬해 봄에 부화를 시작합니다. 풋사과 같은 몸 색깔에 짙은 남색의 줄무늬가 있는 세련된 모습이지요. 애벌레는 형제에게 작별을 고하고 단독 생활을 시작합니다. 그림 같은 고고한 자태의 모충으로, 동료를 맞닥뜨리기만 해도 싸움을 시작해 상대방을 쫓아 버립니다. 스트레스에 취약하기 때문에 어릴 때는 함께 키워도 좋지만 3~4령이 되면 두세 마리씩 나누어 키우는 것을 추천합니다.

애벌레는 약 2개월에 달하는 기나긴 시기를 보냅니다. 애벌레로 긴 시기를 보내는 것은 장단점이 있습니다. 만약 자연계에서 자란 애벌레라면 대부분 조류나 포유류에게 먹히거나 질병 때문에 다 자랄 때까지 살아남기는 어렵습니다. 하지만 다 자라고 나면 힘이 넘치게 되고 식욕도 엄청난 까닭에 먹이를 추가해 주어도 금방 동이 나고 맙니다.

6월의 장마철이 시작될 즈음 애벌레는 고치를 만들기 시작합니다. 짧은 다리로 여러 장의 잎사귀를 모아서 꼬박 3일이 걸려 고치를 만들어 냅니다. 이렇게 만들어진 실크는 에메랄드색의 요염한 광택을 뿜어내며 세계의 부호들이 탐내는 물건이 됩니다.

참나무산누에나방 *Antheraea yamamai* 산누에나방과

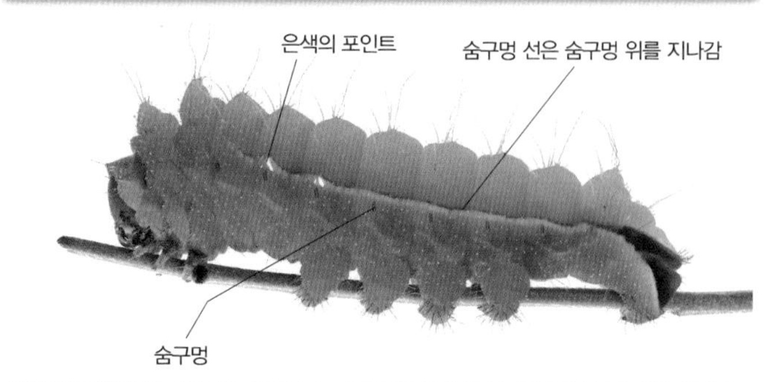

몸길이: 55~77mm	**분포:** 한국, 일본
애벌레 시기: 4~6월	**식성:** 졸참나무, 상수리나무, 밤나무, 떡갈나무, 참나무 등

I

II

III

I
그야말로 희귀한 파란 참나무산누에나방. 자연에서 드물게 발견된다. 고치 품질에도 특성이 있다.

II
참나무산누에나방(일반종)의 고치. 비취색으로 상당히 아름답다. 하나의 고치에서 약 600m의 실을 채취할 수 있다.

III
성충: 날개 편 길이 115~150mm의 초대형종이다. 성충마다 빛깔이 조금씩 다른데, 일본에서는 일본의 아름다움을 잘 표현한다고 여긴다.

다이아몬드 만들기
참나무산누에나방 ②

누에나방의 실크도 값이 비싸지만 참나무산누에나방의 실크는 누에나방의 실크보다 70배나 비쌉니다. 그런데도 수요 과다로 생산이 따라가지 못하고 있습니다.

참나무산누에나방은 천잠, 그리고 참나무산누에나방의 실크는 천잠사라고 불리는 일본의 특산물이기도 합니다. 상업적인 목적으로 키우고 제품화를 시작한 것은 지금으로부터 200년 전으로 나가노현에 있는 아즈미노시의 특산품으로도 유명합니다. 아즈미노시에 위치한 천잠 센터는 지금도 본점 자리에서 사육과 생산 과정 전반을 일반 방문객에게 안내하고 있습니다.

천잠사가 비싼 이유는 섬세하게 다루는 것이 무척 중요하기 때문입니다. 잘못 취급했다가 가치가 아예 없어질 수도 있습니다. 그래서 애벌레를 키울 때부터 고난의 연속이 시작됩니다. 참나무산누에나방은 집단생활을 싫어하고, 질병도 퍼지기 쉬워서 심각할 때는 2만 개체의 알 중에서 70%가 병사하는 경우도 있습니다. 고치가 생겨도 실을 뽑는 방법에 따라 품질이 확 떨어지기도 합니다. 이 때문에 아즈미노시의 독자적 방식은 이곳의 장인만이 알고 있는 극비 사항입니다.

모치즈키 리쿠 씨는 방직공 경력이 28년인 베테랑으로 센터에 가면 베를 짜는 모습을 보여 줍니다. 취재 차 처음 방문했을 때는 10분도 채 앉아 있지 않았습니다. '실이 숨을 쉰다'는 이유에서 방의 창문을 섬세하게 열거나 닫기도 했습니다. 손끝의 감각으로 천잠사의 호흡을 제대로 느끼지 않으면 실이 금방 끊어지고 맙니다.

날실 1,400가닥인 천잠사를 베틀에 끼우는 데만 꼬박 이틀이 걸립니다. 한 단을 짜는 데는 약 2개월이 걸립니다. 천잠 센터에서 100% 천잠 직물만 취급하는 것은 모치즈키 씨만인데, 아즈미노시 전역에도 몇 명밖에 남아 있지 않습니다. 모치즈키 씨와 참나무산누에의 실은 희귀한 전통이자 완벽한 예술품입니다.

최근에는 천잠사를 이용한 제품 개발이 빠른 속도로 진행되고 있습니다. 미용용 고급 비누부터 인간의 심장 재생 치료 소재와 항암제 개발 등등 다방면에 걸쳐 있습니다.

모치즈키 리쿠 씨
베 짜는 기술은 '비밀 중의 비밀'로 극비 사항. 모치즈키 씨는 인품과 기술을 갈고닦으며 전통을 이어 온 몇 안 되는 장인

모치즈키 씨의 손에 의해 탄생된 작품은 깃털처럼 부드럽고, 몸에 딱 달라붙는 감촉

모치즈키 씨가 짠 옷감으로 만든 작품 중 하나
참고 가격: 7,500,000엔
누에 종류에 상관없이 예술적인 작품

촬영, 취재 협력: 安曇野市天蚕センター

충격의 FAO(유엔식량농업기구)

2013년 5월 15일, FAO(유엔식량농업기구)가 로마에서 충격적인 발표를 했습니다. 바로 '곤충식 장려'입니다. 우리는 곤충식을 왜 먹어야 할까요? 왜 지금일까요? 어떻게 가능할까요? 라는 의문이 끊이질 않습니다. 그래서 FAO의 보고서를 간략하게 해설해 보려고 합니다. 그리하여 FAO의 보고서를 간략하게 해설해 보고자 합니다.

현재 20억 명의 인류가 소중한 식사를 위해 벌레를 식탁에 올리고 있습니다. 식용으로 취급되는 벌레의 종류는 약 1,900종으로, 상세 내용은 오른쪽 그래프와 같습니다. 먼저 애벌레가 세계적으로 보편적인 식재료가 되었다는 사실이 놀라웠습니다. 상세한 영양적 가치와 조리법, 풍미 등은 차차 설명하기로 하고 FAO는 곤충식에 대해 단백질과 지방, 비타민과 식이섬유가 풍부한 건강한 식용 자원이라고 평가합니다. 곤충을 그대로 먹는 것은 불가능해도 뛰어난 가공 기술로 주요 영양소와 약용 성분을 추출하는 것은 가능합니다. 다만 비용이 높게 든다는 것이 앞으로 최대 과제입니다.

FAO는 알레르기를 비롯한 유해성에 대해서도 평가를 진행했습니다. 예를 들어 농업 폐기물 등을 자연으로 돌려보낼 때 곤충의 분해 능력이 무척 유용한데, 폐기물로 키운 곤충의 식번데기화에 대해서는 생각해 볼 만한 문제가 있다고 합니다. 전통적으로 먹어오던 곤충이라도 만성 질환의 원인이 된다는 것이 밝혀졌기 때문에 무조건 곤충식을 예찬할 수는 없는 것입니다.

다만 자연환경과의 공존을 생각해 보았을 때, 현재와 같이 막대한 자연 생산물과 에너지를 소비하여 식량을 얻는 상황을 어떻게 해결할까? 라는 연구는 눈부시게 발전하고 있으며 계속해서 진행되고 있습니다.

벌레를 드세요.
맛있으니 드십시오.
꼭 드세요!!
유엔식량농업기구(FAO)
아무개 씨

세계에서 식용으로 취급되는 곤충의 주요 비율
파리2%
잠자리3%
기타6%
흰개미 3%
매미, 깍지벌레,
노린재 등 10%
중베짱이, 메뚜기,
귀뚜라미 등 13%
갑충
31%
식용 곤충
1,900종
벌, 개미
14%
애벌레 18%
약 20억 명의 인류가 1,900종
에 달하는 곤충을 먹고 있다.
애벌레의 비율이 무척 높은
것이 흥미롭다.
꽤 맛있다고 한다.
È molto delizioso!
Glielo consiglio!!
음~ 너무 맛있어요!
이 친구를 추천해요
히익
더 이상은
안돼요,
멕시코의
애벌레 데킬라
까지가 한계
인걸요……

'벌레 소믈리에'로의 길

미학의 세계는 언제나 문이 열려 있는 궁극의 학술로 이 문을 통과하기 위해서는 크나큰 용기가 필요합니다.

FAO를 비롯한 세계 기구가 열의를 쏟고 있는 곤충의 활용에 대한 보고문을 읽은 일본 사람이라면 해외 곤충이 대부분인데 일본산 벌레는 어떨까? 라는 생각이 들 것입니다. 그래서 일본의 식용곤충과학연구소의 사에키 씨에게 문의했습니다.이 책을 위해 실제로 조리해 먹어 본 경험을 토대로 평가한 결과물이 오른쪽 페이지의 표입니다.

사에키 씨는 처음 곤충을 먹었을 때의 감정은 일반인과 다를 바 없다고 말했지만 사에키 시가 먹은 곤충 목록을 보면 감탄이 절로 나옵니다. 실제로 이렇게 시도한 사람이 있기에 우리는 놀라움과 공포, 지적 호기심의 기쁨을 느낄 수 있는 게 아닐까 생각이 듭니다. 게다가 요리와 벌레에 대한 지식만 있다면 언제든지 시도해 볼 수 있습니다.

곤충식을 과거나 이색 문화를 그리워하는 문화적 취미 정도로 받아들이는 사람이 많은데, 사에키 씨는 "미래의 식용 곤충을 선정하는 작업은 문화적으로 먹어왔는가 아닌가가 아니라 성장 단계, 식초, 번식등의 다양한 요소를 감안하여 평가해야 한다"라고 말합니다. 광범위한 과학적 지견과 생산성, 경제 효율을 고려한 다음 만성적 식량 부족, 감염병 확산으로 고통받는 지역에 영양원을 안정적으로 공급하는 것이 FAO가 목표하는 바일 것입니다.

그리고 우선은 많은 사람들이 관심을 가져야 하지 않을까요?

사에키 씨의 블로그에는 다양한 벌레에 대한 평가가 올라와 있습니다. 사에키 씨의 경쾌하고 시원한 해설을 읽고 있으면 저도 모르게 배를 움켜쥐며 읽게 됩니다.

강사: 사에키 신지로

※

가중나무고치나방(에리잠) (미수록 종)

애벌레는 데쳐서 유자맛 젤리와 함께 먹는다. 마치 소송채 두부 무침을 먹는 것 같은 느낌이다. 전번데기(사진)도 달콤하고 소송채 향이 난다.

박각시 138쪽

전번데기는 소송채 두부 무침과 맛이 흡사하다. 번데기는 데쳐서 폰즈에 찍어 먹는다. 서리태 두부를 떠올리는 맛으로, 깔끔하고 크리미한 식감이 매력적이다.

※

먹무늬재주나방 142쪽

벚꽃 향, 고기의 감칠맛, 겉껍질의 탄력까지 모두 최고다! 잡내가 없어서 초심자에게도 추천한다.

※

한라산누에나방 186쪽

털이 부드러워서 큰실말(해조류의 일종) 같은 식감이 난다. 인기만 많아지면 가격이 급등할 정도로 맛있는 모충이다.

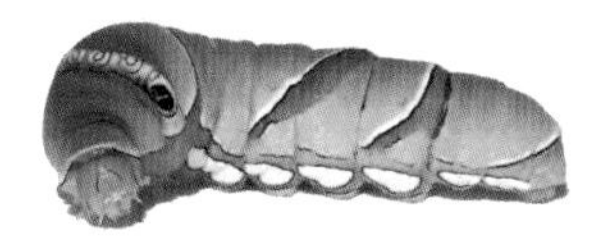

호랑나비 90쪽

감귤류 잎을 먹으면 감귤계 향이 난다. 산초나무에서 키운 경우에는 산초 향이 난다. 풍미가 무척 뛰어나다.

※ 사진: 佐伯真二郎氏 제공

미지의 맛 연구를 더 자세히 알고 싶다면
블로그: 벌레 소믈리에로의 길 http://mushikurotowa.cooklog.net/

memo

제3장

화려한 생태계

알면 알수록 재밌고 독특한 종. 신비로운 형태부터 다수의 연구와 관찰을 통해 발견한 장인을 떠올리게 하는 엄청난 기예를 소개합니다. 신흥 세력의 생태와 식별법에 주목하세요.

영하 196도에서 꾸는 꿈은 산호랑나비

원예가의 '아무쪼록 여름의 귀부인이 찾아오지 않기를'이라는 애절한 소망은 닿지 않은 모양입니다. 정원에 소중한 허브와 당근은 줄기만 휑하니 남아 있습니다.

산호랑나비의 우화는 요염함의 극치로 정원을 가볍게 비상하는 모습이 마치 여름의 귀부인 같습니다. 하지만 애벌레 시절에는 생김새가 조금 다릅니다. 애벌레가 부화 직후에는 뜬숯같이 새카만 모습을 하고 있습니다. 점점 자라서 기묘한 화장을 하니, 정원을 가꾸는 부인을 놀라게 하기도 하지요. 게다가 애벌레의 심기를 건드리면 필살기인 뿔을 드러냅니다. 그러나 다른 호랑나비와는 달리 취각을 자주 내보이지는 않습니다. 손으로 들어 올려도 저항하기를 금방 포기하는 태평한 녀석으로 움직임도 느릿느릿한데, 식사하는 모습 또한 사랑스럽습니다. 대신 무척 튼튼합니다.

경험상 어떤 단계의 애벌레를 집으로 데려와도 기생충은 거의 없습니다. 환경에 따라 다르겠지만 아름답고 화려한 우화를 볼 수 있는 확률이 무척 높습니다. 게다가 번데기가 되면 영하 30도 이상의 추위에도 견딜 수 있으며, 영하 196까지도 생존이 가능한 것으로 알려져 있습니다.[20] 다음 장에서 소개할 호랑나비는 영하 5도 정도가 한계라고 하니, 산호랑나비의 방한 구조는 더욱 경이롭다고 할 수 있습니다.

한 가지 더 신비로운 점은 일본산 호랑나비과 중에서 미나릿과를 먹는 것은 이 종뿐이라는 사실입니다. 진화 도중에 운향과에서 먹이를 점차 바꾼 것이라고 이해할 수 있습니다(이것을 기주 전환이라고 합니다). 이후에 녀석이 또 어떤 일을 벌일지 모르므로 원예가들은 하루하루 불안감 속에서 잠을 이루지 못할 것 같습니다.

---

20 太田 次郎, 『チョウは零下196度でも生きられる』, PHP研究所, 1990.

산호랑나비 *Papilio machaon hippocrates*[21] 호랑나비과

몸길이: 약 50mm
애벌레 시기: 4~11월
분포: 한국, 일본, 중국, 러시아
식성: 당근, 미나리, 파드득나물, 회향풀, 안젤리카 등

I II

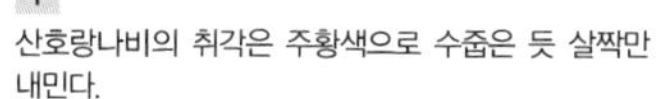

III

I
산호랑나비의 취각은 주황색으로 수줍은 듯 살짝만 내민다.

II
영하 196도에도 견딜 수 있는 번데기로 갈색형과 연두색형이 있다.

III
성충: 날개 편 길이 약 55mm. 여름형 성충의 색채는 무척 빼어나다. 호랑나비와 비슷하지만 동그랗게 표시한 부분으로 쉽게 구분할 수 있다.

21 Papilio machaon의 아종

어슬렁어슬렁 걸어 다니는 방충제 청띠제비나비

청띠제비나비 애벌레의 생김새는 통통하고 투명해 보이는 비취색 몸과 연미복을 두른 듯 세련된 엉덩이, 자그마한 뿔이 달린 등을 가지고 있습니다. 사랑스러운 조형미를 뽐내며 애교를 부리기도 합니다.

애벌레의 먹이는 방충제의 원료로 쓰이는 장뇌樟腦를 채취할 수 있는 녹나무 잎입니다. 청띠제비나비 애벌레가 경계 태세에 들어갔을 때는 걸음걸이가 바뀌는데 마치 노를 젓는 것처럼 혹은 고장이 난 초침처럼 몸을 앞뒤로 흔들면서 걷습니다. 마음에 드는 잎을 발견하면 그곳에 실을 토해내 만든 부드러운 방석을 깔고 만족한 듯 잠이 듭니다. 식사 시간이 되면 다른 잎으로 넘어가 배를 채운 뒤 다시 받침대로 돌아옵니다(이 책에서 소개하는 호랑나비과는 모두 같은 습성을 지니고 있습니다). 활발하게 움직이며 산책하는 모습을 보고 있으면 세 시간쯤은 눈 깜짝할 새에 지나가 버립니다.

애벌레를 키울 때는 익사하지 않도록 주의가 필요합니다. 녹나무 가지는 화병에 꽂아 놓으면 싱그러움이 오래 가는데, 화병 입구를 휴지나 랩으로 감싸 놓았음에도 머리로 구멍을 억지로 열어 익사하고 마는 일이 있었습니다.

게다가 보석같이 아름다운 애벌레를 찾는 것은 너무 어렵습니다. 녹나무는 공원이나 길거리에서 흔히 볼 수 있고 청띠제비나비도 열심히 번식 중입니다. 다 자란 애벌레도 잎 표면에서 자고 있지만 눈에 보이지 않습니다. 녹나무는 잎이 무성하고, 애벌레의 몸 색깔은 완벽에 가까운 보호색을 띠고 있기 때문입니다.

청띠제비나비 애벌레를 발견하기 위해서는 어미 나비가 산란하러 왔을 때 갓 낳은 알을 노리는 것이 좋습니다. 청띠제비나비의 알은 보통 새싹 부분에 낳기 때문에 찾기 쉽고 레몬색을 띠고 있어 눈에 잘 보입니다. 나뭇잎을 태양에 비춰 보면 실루엣이 비치기 때문에 더욱 쉽게 찾을 수 있습니다. 저 또한 몇 번이고 찾을 수 있었습니다. 알을 찾은 뒤에는 채집의 기쁨을 맛보며 집으로 데려가면 됩니다.

청띠제비나비 *Graphium sarpedon nipponum*[22] 호랑나비과

몸길이: 40~45mm
애벌레 시기: 4~10월
분포: 한국, 일본, 중국, 인도
식성: 녹나무, 후박나무 등

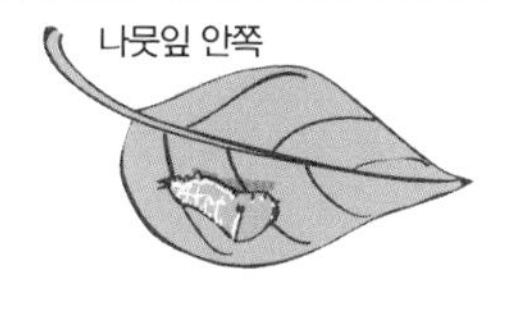

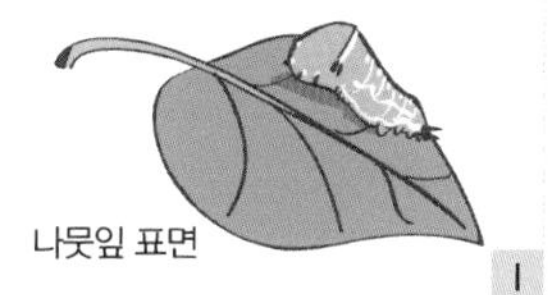

I

II

III

I

1~3령은 나뭇잎 안쪽에서 생활한다. 4령부터 나뭇잎 표면에서 잠이 든다. 무척 아름답고 사랑스럽다.

II

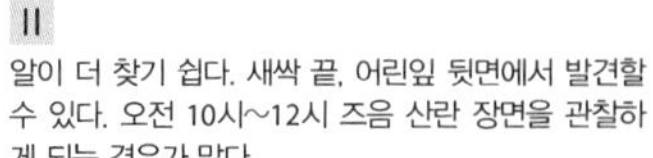

알이 더 찾기 쉽다. 새싹 끝, 어린잎 뒷면에서 발견할 수 있다. 오전 10시~12시 즈음 산란 장면을 관찰하게 되는 경우가 많다.

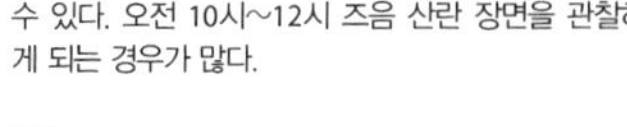

III

성충: 날개 편 길이 약 60mm. 무척 날렵하게 비상한다. 남방계 나비로 우아한 형태와 화려한 색깔이 특징적이다.

22 Graphium sarpedon의 아종

독나비의 달콤한 향기
사향제비나비

이름처럼 사향 향기가 나는 나비입니다. 향기를 맡으려면 수컷 성충의 뒷날개 냄새를 맡으면 됩니다. 방향족알데히드와 리날로올로 인한 향긋한 냄새는 우화한 뒤에 더욱 즐길 수 있습니다. 성충과 다르게 애벌레는 향이 전혀 나지 않습니다. 열심히 코를 갖다 대고 냄새를 맡아도 작은 취각이 코를 찌를 뿐입니다. 이 또한 냄새가 그리 나지는 않습니다.

호랑나비과로는 보이지 않는 기묘한 모습의 애벌레는 불가사의한 바로크풍의 조형물처럼 색다릅니다. 진한 포도주색 몸에 오프화이트 색상 허리띠를 두르고, 괴이한 산처럼 돌기가 돋아 있습니다. 다른 애벌레에게서 찾아보기 힘든 매력으로 인기가 높습니다. 독특한 점은 생김새뿐만이 아닙니다.

사향제비나비 애벌레가 먹는 쥐방울덩굴은 독초입니다. 애벌레는 독초를 먹고 독성 물질을 몸속에 열심히 저장합니다. 그래서 애벌레를 먹는 동물도 없습니다. 애벌레가 다 자란 뒤에는 식욕이 폭발해 먹이를 먹어 치웁니다. 만약 양이 부족하다면 동족도 먹습니다. 사향제비나비 애벌레는 치열한 생존 싸움을 합니다. 살아가기 위해서는 수단과 방법을 가리지 않습니다. 그래서 애벌레를 키울 때는 개체를 모두 떨어뜨려 놓는 것이 좋습니다. 만약 먹이가 충분하다면 함께 키워도 문제는 없습니다. 또 다른 불편한 점은 애벌레가 먹는 쥐방울덩굴의 냄새입니다. 애벌레가 풀을 뜯을 때마다 자극적인 냄새 때문에 속이 울렁거릴 수 있습니다.

번데기 시기에는 골머리를 더 앓습니다. 사향제비나비의 번데기를 일본에서는 오기쿠 벌레라고 부르기도 하는데, 일본 괴담 속 귀신 오기쿠와 비슷하다고 해서 붙여진 이름입니다. 붉은색을 띤 주황색의 화려한 번데기는 모두 죽음을 맞이하게 됩니다. 언젠가 실험을 위해 야외에서 30마리 정도를 무작위로 채집했을 때 모든 애벌레에 파리가 달라붙어 치사율은 100%였습니다. 만약 키우려면 알을 데려오는 것이 좋겠습니다. 독나비로 우화하면 포식자에게 먹히는 일이 적어서 그럭저럭 명맥을 유지하는 편입니다.

사향제비나비 *Atrophaneura alcinous* 호랑나비과

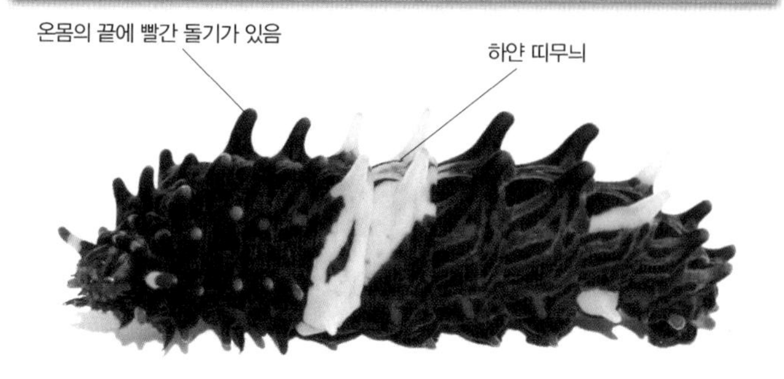

몸길이: 약 40mm
애벌레 시기: 4~10월
분포: 한국, 일본, 중국
식성: 쥐방울덩굴, 대엽마두령(댕댕이덩굴의 일종) 등

III

I

부화하는 모습이다. 알껍데기를 먹고는 제각기 흩어진다. 1령 시기의 몸길이는 고작 3mm 정도다.

II

다 자란 애벌레의 취각. 성미가 사나워 금방 취각을 내민다. 크기는 콧물 정도다.

III

성충: 날개 편 길이 75~100mm. 어두운 빛깔이 인상적인 대형 호랑나비다. 복부에는 빨간 무늬가 있다.

향기로운 유자 도련님 호랑나비

호랑나비는 산초나무나 유자나무를 심어 두면 반드시 찾아옵니다. 유자 도련님이라는 별명을 가진 애벌레는 감귤류 잎을 가장 좋아합니다. 남유럽이 원산지인 루타라는 허브에도 서식합니다. 루타는 작고 키우기가 쉬워서 학교 수업 시간에 사용을 장려하기도 합니다.

호랑나비 애벌레가 갓 태어났을 때는 검고 울퉁불퉁한 모양새로, 볼품없는 모습으로 살아갑니다. 흔히 '새똥인 척 한다'고 말하는데, 참새와 때까치는 이 시기의 애벌레를 좋아해 잡아먹는다는 연구 결과도 있습니다. 침노린재과, 개미류, 쌍살벌아과 등도 애벌레를 남김없이 먹어 치우기에 과연 천적들의 눈을 제대로 속이고 있는지 의문이 들기도 합니다.

화려한 우화 장면을 직접 보고 싶은 분에게는 호랑나비나 산호랑나비를 추천합니다. 다만 우화에도 적절한 시기가 있습니다. 1년에 몇 번이나 세대교대를 하는 종의 경우에는 계절에 따라 색상이나 크기에 차이가 생깁니다. 이것을 계절형이라고 하는데 계절형에는 봄형, 여름형, 가을형이 있으며, 여름형은 색상도 화려하고 몸(날개)의 크기도 큽니다. 가을형은 작지만 색이 화려해서 6~7월 초여름에 키우는 것이 좋습니다.

자연계에서 가을형은 최악의 시기이기도 합니다. 초여름에서 가을 무렵에는 기생률이 높아지기 때문입니다. 호랑나비과도 알과 애벌레, 번데기 할 것 없이 모두 기생충이 생기기 쉽습니다. 그러나 대부분 알을 채취하면 건강하게 자라 우화까지 무사히 볼 수 있습니다.

호랑나비 애벌레가 운향과 식물을 먹으면 앞서 소개한 루타와 다르게 아주 좋은 향기가 감돕니다. 잎 위에 변을 본 뒤 입으로 물어 휙 던지는 모습도 애교가 넘칩니다. 기회가 된다면 취각 냄새(62쪽)도 한번 맡아 보는 것도 좋습니다. 뭐라 형언할 수 없는 냄새를 풍기고 있습니다.

호랑나비 *Papilio xuthus* 호랑나비과

눈알 모양 무늬

띠무늬 색깔로 비슷한 종과 구별할 수 있음

몸길이: 45~50mm
애벌레 시기: 3~11월
분포: 한국, 일본, 중국, 미얀마
식성: 산초나무, 초피나무, 유자나무, 탱자나무, 루타 등

I II

III

I

4령 애벌레의 모습이다. 하얀 무늬의 패턴과 몸 전체 모양으로 다른 종과 구분한다.

II

기특할 정도로 청소를 좋아한다. 열심히 변을 치우지만 다섯 번 정도 반복한 뒤에는 싫증이 나는지 그만둔다.

III

성충: 날개 편 길이 약 55mm. 산호랑나비와 아주 비슷하게 생겼다. 빨간 동그라미 부분의 검은 무늬가 산호랑나비와 다르다.

어두컴컴한 숲의 여인 남방제비나비

호랑나비과는 사교계에서 화려하게 활동할 것 같은 이미지가 있지만, 남방제비나비는 다른 이미지로 약간 음울합니다.

애벌레 시절 남방제비나비와 호랑나비는 똑같은 식성을 가지고 있지만 생김새에서 차이가 있습니다. 남방제비나비가 다 자랐을 즘에는 초록색의 몸 색깔이 조금 더 짙어집니다. 크기도 호랑나비 애벌레보다 훨씬 크게 자랍니다. 일본 간토 지방의 호랑나비과 중에서는 최대급을 자랑했지만, 멤논제비나비의 등장으로 아쉽게 2위가 되고 말았습니다.

호랑나비과의 성충은 볕이 잘 드는 꽃밭에서 연회를 즐기며 인생을 노래합니다. 그런데 남방제비나비는 이렇게 화려한 축하연이 싫은지 그늘진 숲으로 날아가 생활하는데, 정말로 양지에는 잘 나타나지 않습니다. 알을 낳을 때도 햇살이 약하게 비추는 곳을 선호하며 약간 음울하게까지 느껴지는 곳에 자라난 나무를 고릅니다.

아직 거뭇거뭇한 어린 남방제비나비 애벌레는 촉촉하게 젖은 듯한 광택이 납니다. 다 자란 뒤의 색깔은 어딘가 근심이라도 있는 듯한 진한 이끼 색깔입니다. 누가 봐도 활기찬 호랑나비 애벌레와는 대조적으로 작은 몸뚱이를 움츠리고 한쪽 구석에서 잎사귀를 잘근잘근 씹는 모습에서는 인생무상과 애환마저 느껴집니다. 도시에서도 공원과 잡목림에 서식하고 있으니 쉽게 볼 수 있습니다. 다만 크게 재미를 느끼지는 못할 것 같습니다.

남방제비나비를 몇 번이고 키웠지만, 요즘에 왜인지 뜸해졌습니다. "남방제비나비는 몇 번을 키워도 재밌어" 같은 감격스러운 평가를 들은 기억도 없습니다. 물론 애벌레와 성충은 무척이나 아름답습니다. 관계가 소원해진 이유는 잘 모르겠지만, 역시 약간 음울해서일지도 모릅니다. 혹은 제가 진정한 재미를 모르는 걸 수도 있습니다. 여러분의 감상이 궁금해집니다.

남방제비나비 *Papilio protenor demetrius*[23] 호랑나비과

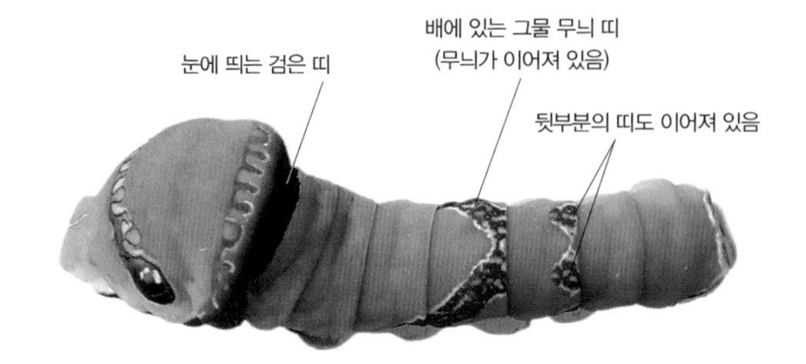

몸길이: 약 55mm
애벌레 시기: 4~10월
분포: 한국, 중국, 일본
식성: 유자나무 등의 운향과, 산초나무, 머귀나무

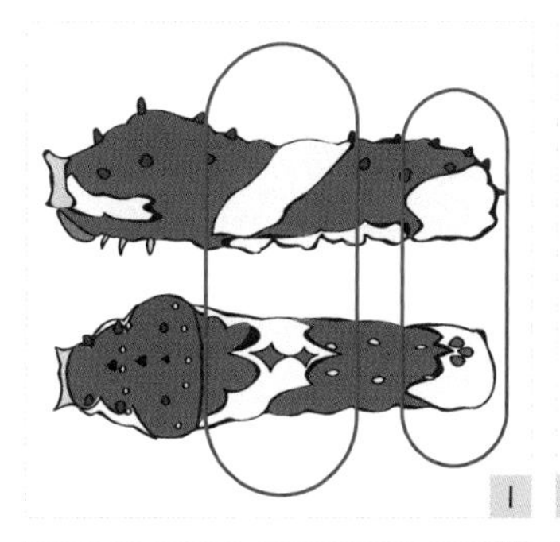

I

II

III

협력: 神奈川県立生命の星・地球博物館

I

4령 애벌레의 모습이다. 가슴 부근이 눈에 띄게 부푼다. 엉덩이의 하얀 반점은 몸 전체를 감싸듯 번진다.

II

처음 보는 사람은 깜짝 놀랄 만큼 강렬한 빨강의 취각. 채찍처럼 길게 뻗어 나온다.

III

성충: 날개 편 길이 80~110mm. 앞날개에 검은 줄무늬가 확실히 보이는 것이 암컷이다. 수컷은 조금 더 새까맣다.

---

23 PapilioprotenorCramer의 학명 이명

미지의 난해한 호랑나비
무늬박이제비나비

무늬박이제비나비의 암컷 성충(여름형)은 멤논제비나비(156쪽), 이데아왕나비(미수록종)와 함께 일본 최고의 크기를 자랑합니다. 특히 주택가에서 나풀나풀 춤추듯 날아다니는 모습은 단연 압권입니다. 호랑나비과는 날렵한 모양의 몸으로 잽싸게 비상하는 종이 많습니다. 반면 무늬박이제비나비는 방석처럼 넓적한 몸으로 느긋하게 날아다니기 때문에 익숙해지면 금방 정체를 알아챌 수 있습니다.

무늬박이제비나비 애벌레는 크기도 무척 큽니다. 또한 잡목림의 머귀나무나 주택가의 귤나무 잎 등에 조용히 앉아 움직이지 않습니다. 이는 남방제비나비의 애벌레와도 비슷한데, 좋게 말하면 좀처럼 겁먹는 일 따위 없는 제왕의 기질이 엿보이지만 움직임이 없어서 재미없는 것이 솔직한 제 감상입니다.

알의 크기 자체는 호랑나비와 큰 차이가 나지 않지만, 부화 뒤부터 잘 먹어서인지 눈에 띄는 성장을 보여줍니다. 4령까지는 역시나 새똥 같은 모습을 하고 있어서 다른 호랑나비와 구분하기 위해서는 어느 정도 노력이 필요합니다. 특히 남방제비나비와 구분이 무척 어려운데, 비스듬하게 난 하얀 띠와 몸 크기가 매우 흡사해서 다 자랄 때까지 구분이 어려운 경우가 많습니다.

솔직히 고백하자면 중령기의 무늬박이제비나비와 남방제비나비, 제비나비, 멤논제비나비의 애벌레를 잘못 채집한 경험이 많습니다. 실제로 자연계에서는 종간 교배가 이루어지고 있으며 무늬박이제비나비와 남방제비나비가 교미하고 산란해 양쪽의 특징이 섞인 성충이 태어나는 경우가 보고되고 있습니다. 제가 잘못 채집해 오는 것은 단순히 무지에 의한 일이지만 진지하게 고민하도록 만드는 애벌레가 종종 보이기도 하는 걸 보면 자연이 재미있음을 알 수 `있습니다.

참고로, 최근 무늬박이제비나비는 세력을 북쪽으로 늘려가고 있다고 합니다.

무늬박이제비나비 *Papilio helenus nicconicolens*[24] 호랑나비과

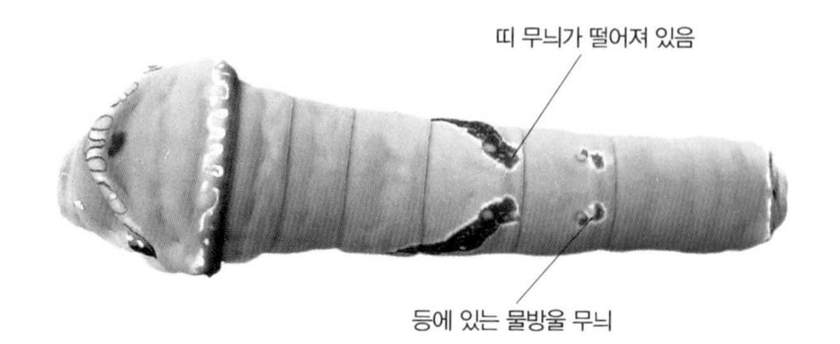

몸길이: 약 60mm **분포:** 한국, 일본, 대만 **애벌레 시기:** 5~10월
식성: 머귀나무, Tetradium glabrifolium(루타의 일종), 재배 운향芸香류 등

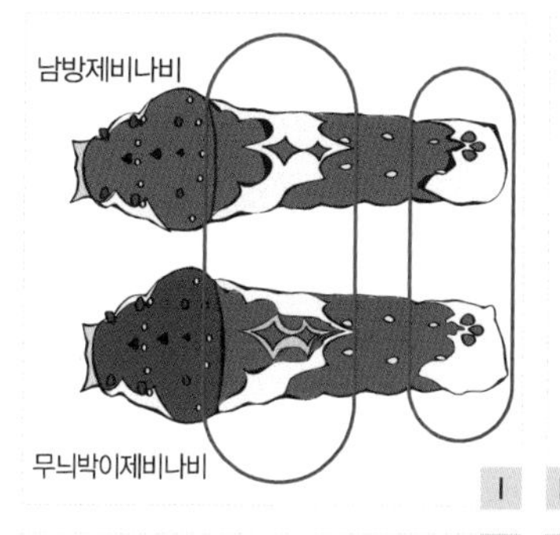

I

4령 애벌레 비교. 양쪽 모두 흰 무늬에 변화가 있어서 구별이 어렵다. 무늬박이제비나비가 조금 더 녹색을 띠는 경향이 있다.

II

남방제비나비와 똑같은 빨간색 취각을 가지고 있다. 무늬박이제비나비는 마지 못해 취각을 꺼내거나 잘 드러내지 않는다.

III

성충: 날개 편 길이 약 110mm. 앞날개에 감춰져 있지만, 뒷날개에 있는 커다란 흰 무늬가 매력 포인트다.

---

24 Papilio helenus의 아종

빼어나게 아름답고 요염한 애벌레 제비나비

호랑나비과는 모두 미려하지만, 제비나비는 그중에서도 가장 빼어난 미모를 자랑합니다. 초령기에는 거뭇거뭇한 모충의 모습을 하고 있다가 중령이 되면 공작석을 떠올리게 하는 진한 녹색이 되는데, 멤논제비나비와 비슷한 색을 가지고 있지만 얼룩무늬가 눈에 띄지 않습니다. 벌꿀을 발라 놓은 듯한 광택이 흐르고 이 촉촉한 자태가 무척이나 아름답습니다.

다 자란 애벌레는 뭉툭한 뱀 같은 모습입니다. 솟아오른 등이 뱀 머리를 연상시키고, 등에 있는 한 쌍의 눈알 모양 무늬도 빨갛게 타오르는 듯한 독사의 눈알과 비슷합니다. 검은 그물 무늬도 독특한 분위기를 자아냅니다.

저는 제비나비 애벌레를 15년 동안 딱 두 번 키운 적이 있습니다. 한눈에 반할 정도의 미려함과 젊고 기품이 넘치는 색깔을 띠고 있습니다. 엉금엉금 활기차게 산책하는 모습 또한 다른 종이 따라 올 수 없는 매력으로 가득 차 있습니다. 곧 찾아올 극락의 순간을 고대하며 가슴 벅찬 나날을 보냈지요.

곧이어 우화한 성충은 눈을 의심할 정도로 수려한 외모를 뽐냅니다. 칠흑 같은 날개에는 푸른색 금속광택이 감도는 무늬가 새겨져 있고, 초여름 햇살을 받아 은하수가 빛나는 것 같습니다. 그야말로 눈이 호강하는 감미로운 색채와 요염하기 짝이 없는 용모는 매 순간 조금씩 달라집니다. 키우는 사람만이 탐닉할 수 있는 아름다운 생명체의 끝입니다. 제비나비 성충은 평야 지대의 숲에서 종종 마주칠 수 있는데, 애벌레는 쉽게 눈에 띄지 않습니다.

아름다움의 극치라고 하면 산제비나비를 들 수 있습니다. 날개에서는 푸른색 금속광택의 광채가 뿜어져 나옵니다. 종종 성충이 발견되기도 하지만 애벌레를 만난 적은 한번도 없습니다(산제비나비의 서식지는 산지에서 구릉지에 걸쳐 있습니다. 저도 모르게 침을 꿀꺽 삼키게 되는 웅장하고 아름다운 생물이지요). 여러분에게 행운이 따라온다면 분명 어디선가에서 마주치게 될지도 모릅니다.

제비나비 *Papilio dehaanii dehaanii*[25] 호랑나비과

촬영: 一寸野虫氏

몸길이: 약 50mm
애벌레 시기: 5~10월
분포: 한국, 일본, 중국
식성: 상산, 황벽나무, 산초나무, 머귀나무 등

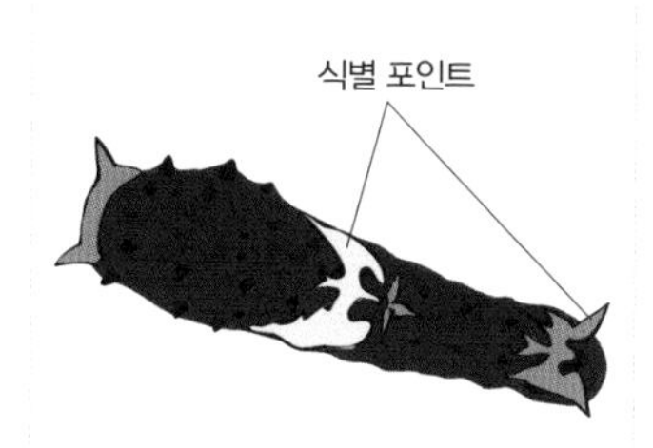

다른 호랑나비과와 비교하면 차이가 명확

I

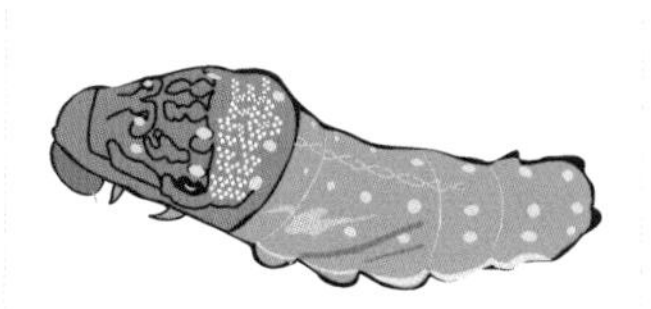

II

협력: 神奈川県立生命の星・地球博物館

III

I

3령까지는 검은 애벌레다. 띠무늬와 엉덩이 모양이 특징적이다. 평범한 듯하면서도 멋있다.

II

4령이 되면 초록색으로 바뀐다. 모든 시기가 감탄이 나오는 아름다운 모습을 자랑한다. 멤논제비나비와도 비슷하다. 식별 포인트는 156쪽을 참조.

III

성충: 날개 편 길이 80~120mm. 금속광택의 빛깔을 뿜어내는 아름다운 종이다. 꼬리 모양 돌기의 파란 빛은 기적에 가깝다.

---

25 한국 학명 Papilio bianor
아종에서 종으로 승격하며 종명이 변경됨

상식 밖의 살아 있는 화석
모시나비

모시나비는 고정관념을 시원하게 깨부숴 주는 생물입니다. 이름은 모시나비지만 호랑나비과로 빙하기에서 살아남은 생물이어서인지 삶의 방식 또한 상상을 초월합니다.

산란은 5~6월에 이루어지는데 아무리 기다려도 부화하지 않습니다. 실은 알 속에서 모충이 되어 껍질을 뚫고 나오지 않고 생활하지요. 껍질을 뚫고 세상으로 나오는 것은 엄동설한의 2월입니다. 어미 모시나비는 먹이에 산란하지 않습니다. 적당히 젖은 나뭇가지 등에 알을 낳고 떠나므로 애벌레는 부화하자마자 먹잇감을 찾아 떠나야 합니다. 덕분에 자립심이 강해서인지 모시나비 애벌레는 동작이 무척 기민합니다. 그 움직임은 도둑나방(144쪽)과도 흡사하지요.

나비의 애벌레임에도 새까만 모충의 모습을 한 것이 특이하지만, 호랑나비과답게 심기를 거슬리게 하면 주황색 취각을 쑥 내밉니다. 머리끝까지 화가 나면 입에서 초록색 점액을 토해내기도 합니다. 또한 애벌레는 먹이에 자리를 잡지 않습니다. 평소에는 근처의 마른 잎에서 일광욕을 즐기거나 돌 아래에 숨어 잠을 자지요.

천엽벚나무가 만개할 즈음인 4월이 되면 번데기가 됩니다. 나비목이지만 마른 잎에서 고치를 만듭니다. 그곳에서 번데기가 되어 우화할 때는 고치를 과감히 찢어버립니다. 때로는 마른 잎을 찢고 우화하기도 하니 놀라운 일입니다. 다 자랄 즘에는 마른 잎을 몇 장 깔아두면 신이 나서 작업을 시작합니다. 그러니 애벌레를 찾으려면 먹이가 아니라 근방에 있는 양지를 찾아야 합니다. 알 또한 먹이 근처가 아니라 생뚱맞은 곳에 있기 마련이지요. 최근에는 교외의 구릉지까지 세력을 확장 중이라고 하니 이 살아 있는 화석의 기상천외한 삶을 지켜볼 기회입니다.

모시나비 *Parnassius citrinarius citrinarius*[26] 호랑나비과

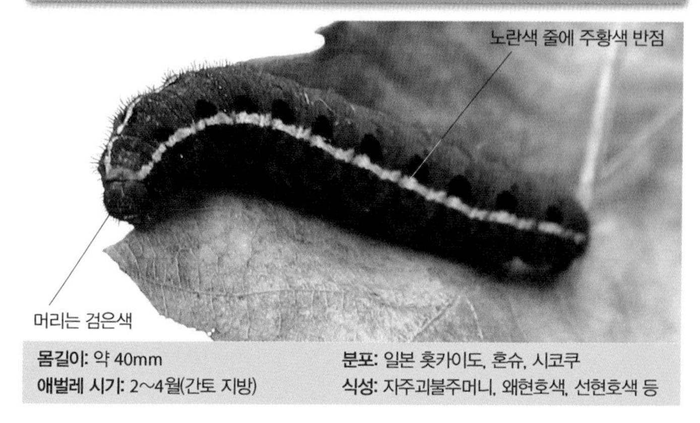

몸길이: 약 40mm
애벌레 시기: 2~4월(간토 지방)
분포: 일본 홋카이도, 혼슈, 시코쿠
식성: 자주괴불주머니, 왜현호색, 선현호색 등

I
다 자란 애벌레의 모습이다. 보금자리에서 나와 식사하러 나와 있다. 이동 속도가 꽤 빠른 편이다.

II
고치의 모습으로 종이 같은 질감의 얇은 고치를 만든다. 우화할 때는 이것을 비집고 나와 날아간다.

III
성충: 날개 편 길이 50~60mm. 부드러운 굴곡의 날개는 광택이 난다. 낙엽이 춤추듯 비상한다.

---

26 학명 Parnassius stubbendorfii의 학명 이명

남빛의 숲의 현자 큰녹색부전나비

큰녹색부전나비는 나뭇잎 사이로 비치는 햇빛이 아름다운 잡목림에 서식합니다. 일본의 15개 자치단체에서 멸종 위기종으로 지정된 나비지만 애벌레는 숲에서 종종 찾아볼 수 있습니다. 물론 발견하기 위해서는 엄청난 시력을 가지고 있어야 합니다.

이 귀중한 종을 발견했을 때의 기쁨은 이루 말할 수 없습니다. 생김새는 마치 눌려서 찌부러진 공벌레와 같고 나중에 미인이 될 것이라는 생각이 전혀 들지 않는 모습입니다. 푸르스름한 회색에 연체동물 같은 물결이 느껴지는 모양을 하고 있습니다. 엉덩이 부분이 새의 발자국처럼 넓적한 것도 특징적입니다. 부전나비과 중에서는 구분이 쉬운데도 발견하기 쉽지 않은 이유는 훌륭한 은폐 기술 덕분입니다. 주식인 졸참나무, 상수리나무, 참나무의 잎이 밝은 초록색이어서 애벌레의 색은 눈에 띄기 쉬운데도 잘 보이지 않습니다.

졸참나무에 서식하는 녀석은 어렸을 때는 부드러운 어린잎의 줄기(잎꼭지) 부분을 먹고 이파리 일부가 시들어 축 처졌을 때를 노리고 숨어버립니다. 애벌레의 색깔과 형태는 시든 어린잎과 아주 흡사합니다. 기묘하게도 같은 나무에 서식하는 부전나비과 애벌레의 몸은 모두 녹색이나 빨간색인데 이 종만 전혀 다른 모습을 하고 있습니다. 이런 점을 볼 때 큰녹색부전나비의 배려심이 아닐까 그런 생각을 합니다. 그런 생각을 하고 나서 큰녹색부전나비가 밥을 먹고 자는 모습을 보면 어딘가 성인군자 같다는 생각이 들기도 합니다.

애벌레와 만나려면 '시간'을 엄수해야 합니다. 1년에 딱 한 번, 4~5월의 평야에서라면 찾아볼 수 있습니다. 만약 키우는 것에 성공한다면 환희의 함성을 내질러도 좋습니다.

곧이어 우화한 큰녹색부전나비의 날개는 금속광택이 감도는 초록색으로 빛나 아름다움의 극치를 보여 줍니다. 이렇게 조그마한 나비가 강렬한 아름다움을 내뿜으니 좋아하지 않을 수가 없습니다.

큰녹색부전나비 *Favonius orientalis* 부전나비과

몸길이: 약 20mm　　**분포:** 한국, 중국, 일본
애벌레 시기: 4~5월　　**식성:** 졸참나무, 상수리나무, 떡갈나무, 종가시나무, 산벚나무 등

I

II

III

협력: 神奈川県立生命の星・地球博物館

I
늦봄의 잡목림 잎 아래에 찰싹 붙어 있는 모습. 아래에서 보면 눈에 잘 띈다.

II
졸참나무의 시든 어린잎과 똑같이 생긴 것이 재미있다.

III
성충: 날개 편 길이 35~40mm. 금속광택의 청록색 빛깔이 미려하다. 향기가 감돌 것만 같은 기품 있는 모습이다.

호화스러운 소프트 모히칸 물빛긴꼬리부전나비

이렇게 소개하면 물빛긴꼬리부전나비에게 실례가 될지도 모르겠지만, 큰녹색부전나비를 찾다가 종종 물빛긴꼬리부전나비를 발견하는 경우가 있습니다.

물빛긴꼬리부전나비는 멸종 위기종으로 지정되었지만, 잡목림 등에서 발견되곤 합니다. 애벌레는 크림소다 같은 밝은색을 띠고 있는데, 등에는 소프트 모히칸 스타일의 털이 나 있습니다. 이렇게 펑크 록을 떠올리게 하는 머리 스타일과 지붕처럼 솟아오른 등 모양이 애벌레의 특징입니다.

큰녹색부전나비와는 다르게 물빛긴꼬리부전나비의 밝은 초록색 몸통은 졸참나무 등의 어린잎과 똑같아 보일 것 같지만, 의외로 인간에게 발견되기 쉽습니다. 잎 아래에 숨어서 자는 경우가 많은데, 나무 아래에서 바라보면 은근히 눈에 잘 띄기 때문입니다. 큰녹색부전나비도 그렇지만, 수풀을 파헤쳐가며 찾아다닐 필요도 없이 길가에 나 있는 나뭇가지만 봐도 금방 발견할 수 있습니다. 어미 나비는 논두렁이나 풀밭 근처의 햇살이 잘 드는 잡목림을 좋아해서 주로 이런 장소에 산란합니다. 그렇기 때문에 물빛긴꼬리부전나비 애벌레를 찾고 있다면 1~1.8m 정도의 높은 나뭇가지에서 새근새근 잠든 것을 발견할 수 있을 것입니다.

큰녹색부전나비를 키우는 재미가 우화의 감동이라고 한다면 물빛긴꼬리부전나비는 애벌레 시절을 감상하는 재미가 있습니다. 다른 부전나비과 애벌레에게는 볼 수 없는 세련되고 도시적인 아름다움은 보는 사람의 마음을 빼앗아 버립니다. 키울 때에도 특별한 주의 사항 없이 편안하게 키울 수 있습니다.

물빛긴꼬리부전나비는 1년에 한 번 4~5월에만 찾을 수 있어서 늑장을 부릴 여유가 없습니다. 1년에 한 번만 찾아볼 수 있다는 점에서 물빛긴꼬리부전나비는 자연이 주는 가장 호화스러운 작품이 아닐까 싶습니다.

물빛긴꼬리부전나비 *Antigius attilia* 부전나비과

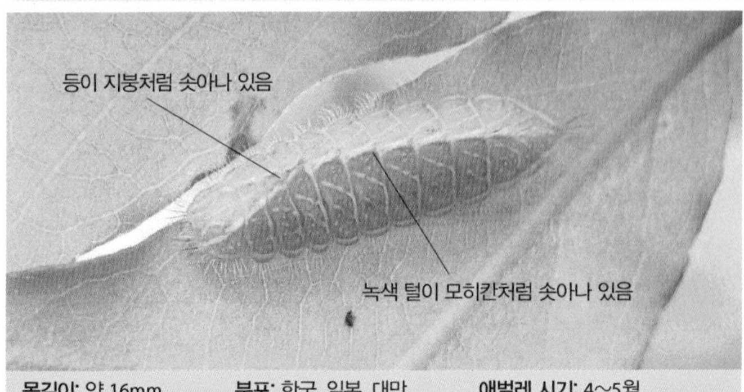

몸길이: 약 16mm **분포:** 한국, 일본, 대만 **애벌레 시기:** 4~5월
식성: 졸참나무, 상수리나무, 떡갈나무, 종가시나무, 참가시나무 등

I

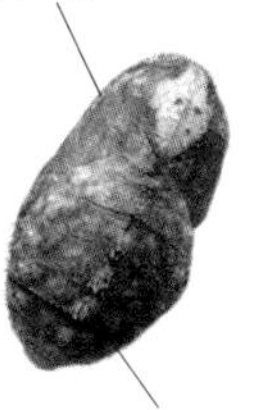

II

III

I

다 자란 애벌레의 모습이다. 어리고 부드러운 잎 아래에 서식한다. 보호색을 띠고 있지만, 생각보다 찾기 쉬운 편으로 생김새와 색깔이 무척 예쁘다.

II

번데기의 모습으로 땅에 떨어진 마른 잎 등에서 번데기화한다. 자세히 보면 모양이 특이하다.

III

성충: 날개 편 길이 30~35mm. 날개를 펴면 거뭇거뭇해서 생각보다 평범하다. 오히려 날개를 접었을 때가 더 아름다우며, 꼬리 모양의 돌기가 사랑스럽다.

음악을 연주하는 빗자루 장인 뾰족부전나비

뾰족부전나비에게서는 진화의 묘미를 느낄 수 있습니다. 부전나비과답지 않은 엄청난 크기를 자랑하는데, 생김새도 엄청나게 기상천외합니다. 마치 SF 영화에나 나올 법한 우주 화물선 같은 생김새를 하고 요란한 몸 색깔을 하고 있습니다. 막대 아이스크림처럼 투명한 초록색부터 자수정 원석을 생각나게 하는 애벌레까지 가지각색입니다. 그런데 무엇보다 특이한 것은 기세 좋게 달린 엉덩이의 돌기입니다. 굴뚝 같이 생긴 돌기는 그저 멋부리는 용도가 아닙니다.

애벌레는 6월의 등나무 어린잎이나 8월 중순의 달콤한 칡꽃에서 발견할 수 있습니다. 꽃 안에 쏙 들어가 있어서 쉽게 눈에 띄지는 않지만, 동그란 터널 같은 꽃 입구를 들여다보면 찾을 수 있습니다. 칡은 다양한 생물이 들르는 거대 레스토랑 같은 존재로 꽃을 찾아오는 엄청난 개미의 수에 뾰족부전나비의 애벌레가 질려 버릴 정도입니다. 이때 애벌레는 엉덩이에 난 돌기에서 커다란 빗자루를 꺼내 주변을 청소하듯 마구 휘두릅니다. 그러면 개미와 작은 곤충은 허둥지둥 도망갑니다. 뾰족부전나비를 키울 때 귀찮게 굴어도 빗자루를 꺼내 듭니다. 이 모습을 보고 있으면 배꼽이 빠지도록 재미있습니다. 그렇다고 아무때나 빗자루를 꺼내 드는 것은 아닙니다. 부드러운 식물의 이파리 끝이나 붓끝으로 엉덩이와 옆구리를 간지럽히는 것이 포인트입니다.

빗자루는 천적인 거미로부터 신변을 지키는 데 효과적이라는 연구 결과가 있습니다. 또, 끊임없이 배를 쓸어 소리를 내는데, 개미와의 교신에 사용하고 있는 것으로 추측하고 있습니다. 번데기의 모습도 걸작입니다. 스페이드 모양의 돔 형태를 하고 있는데, 몸통 가장 위쪽에도 스페이드 모양의 무늬가 예쁘게 새겨져 있습니다. 무척이나 괴이하게 생긴 애벌레입니다.

뾰족부전나비 *Curetis acuta paracuta*[27] 부전나비과

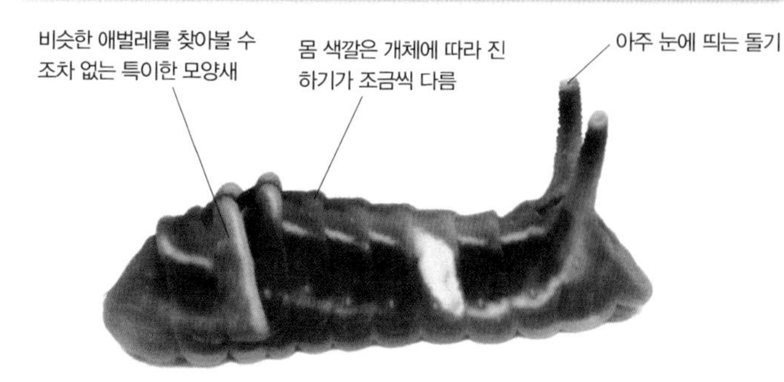

몸길이: 약 20mm
애벌레 시기: 5~9월
분포: 한국, 일본, 대만
식성: 등나무, 애기등, 칡, 회화나무, 고삼 등

I
부드러운 붓으로 귀찮게 하면 엉덩이에 달린 굴뚝 모양 돌기에서 빗자루가 튀어나온다. 사진은 찰나의 순간을 찍은 것이다.

II
개성적인 번데기 모양이다. 양갱처럼 보이기도 하는데 하얀 스페이드 무늬가 새겨져 있다.

III
성충: 날개 편 길이 40mm. 일광욕을 아주 좋아해서 날개를 활짝 편 모습을 자주 볼 수 있다. 높은 곳을 날아다니는 경우가 많다.

---

27 학명 Curetis acuta의 학명 이명

길거리의 허리 춤 댄서 남방부전나비

남방부전나비는 고운점박이푸른부전나비(16쪽)와 비슷한 생김새를 하고 우리 주변에서 득실거리며 살고 있습니다.

남방부전나비 애벌레는 길거리에서 무성하게 자라는 잡초 괭이밥에 붙어 있습니다. 라임색을 띤 자그마한 짚신벌레형 애벌레로, 괭이밥 풀을 조금씩 긁어내듯 먹습니다. 잎을 먹은 흔적이 있어서 애벌레가 왔다가 간 것만은 확실하지만, 먹이에서 떨어져 생활하는 일이 많아 생각보다 눈에 띄지 않습니다. 남방부전나비와 괭이밥의 개체 수는 천문학적인 수준이어서 키우기도 무척 쉽고 기생충도 적습니다.

채집통에서 키우면서 관찰하는 것도 좋지만, 야외에서 관찰하는 것이 더욱 재밌습니다. 남방부전나비의 애벌레도 개미를 이용하기 때문입니다. 담흑부전나비와 고운점박이푸른부전나비와는 달리 개미의 존재가 애벌레의 성장에 방해는 될지언정 큰 역할을 하지 않는다는 점도 재밌습니다. 진화의 과정에서 언제부터 이러한 차이가 생기게 되었는지 생각하고 있으면 시간 가는 줄 모르게 됩니다.

애벌레는 개미가 다가오면 무척 기분 나쁘다는 듯이 몸을 비틀어 춤을 추는데 그래도 개미가 달라붙으면 어쩔 수 없이 엉덩이에 있는 꿀샘을 들이대고 한 잔 대접합니다. 정원에 있는 애벌레는 아무래도 개미를 쫓아내기 위해 꿀을 사용하는 것처럼 보입니다. 평소에도 개미와 함께 지내는 일이 없고, 함께 사는 것은 당치도 않습니다. 이런 경우에는 오히려 개미가 일방적으로 이득을 취하고 있다는 생각이 들기까지 합니다. 거꾸로 개미를 객식구 취급하는 종이 오히려 영화를 누리고 있다는 생각을 하면 아이러니라는 말이 절로 나옵니다. 게다가 질린다는 듯이 꿀을 내주는 애벌레의 모습을 보고 있으면 웃음이 터져나오는 것을 참을 수 없습니다.

남방부전나비 *Zizeeria maha argia*[28] 부전나비과

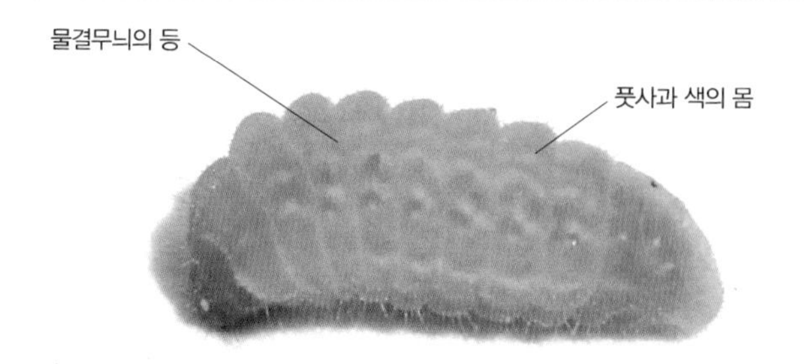

몸길이: 약 12mm
애벌레 시기: 약 1년
분포: 한국, 일본, 대만
식성: 괭이밥과[29]

I

II

III

I
식사 중에 개미가 달라붙어 짜증이 난 모습이다. 귀찮다는 듯이 몸부림치는 것이 귀엽다.

II
특징적인 식사 흔적과 1령 애벌레의 모습이다. 잎살을 긁어내듯 먹는다. 흔적을 통해 존재를 확인할 수는 있지만, 막상 애벌레를 찾으려면 쉽지 않다.

III
성충: 날개 편 길이 20~29mm. 도시 생활에도 적합한 일반적인 종이지만 무척 아름답다. 아주 즐겁다는 듯이 날아다닌다.

---

28 학명 Zizeeria maha의 학명 이명
29 괭이밥에 짚신벌레처럼 생긴 애벌레가 있다면 틀림없이 남방부전나비 애벌레
남방부전나비 애벌레는 먹이에서 떨어져 생활하는 시간이 길어서 생각보다 눈에 띄지 않음

필사적인 민족 대이동
물결부전나비

'어떻게든 되겠지'라는 삶의 철학을 가진 것인지 삶의 즐거움은 여행과 등산이라고 생각하는 것인지 아무튼 방방곡곡 돌아다니는데 열중하는 것이 바로 물결부전나비입니다.

매년 9월이 되면 파도처럼 우리 곁을 찾아옵니다. 결혼식을 올린 부모 나비는 콩과 식물인 제비콩과 대두의 꽃봉오리와 덜 익은 콩에 민트색 알을 덕지덕지 붙입니다. 때로는 너무 많이 붙이는 바람에 알 천지가 될 때도 있습니다. 곧이어 부화한 애벌레는 부드러운 꽃봉오리와 새싹을 먹고 쥐며느리형의 훌륭한 애벌레로 성장합니다. 밝은 금색의 아름다운 색깔에 물결무늬까지 겸비해 아주 아름다운 모습을 하고 있습니다. 다만 잘 익은 콩을 발견하면 신나서 구멍을 파는 나쁜 습관이 있어서 사람을 곤란하게 만들기도 합니다. 열심히 작업하는 모습은 정말 귀엽지만 구멍을 뚫고는 팥, 콩 완두 따위의 열매 안에 자리를 잡아 콩을 깡그리 먹어 치웁니다. 앞서 말했듯이 수많은 부모가 찾아와 같은 곳에서 알을 낳으니 피해가 막심합니다. 그래서 병해충 취급을 받기도 합니다. 2010년까지는 검역 유해 동식물에 지정되어 있을 정도입니다. 다만 같은 해에 조사를 다시 실시하면서 검역 유해 지정 동식물에서는 빠졌습니다.

이렇게 무수하게 부화한 아름다운 애벌레를 기다리고 있는 것은 컴컴하고 차가운 죽음입니다. 9월 이후에는 일본 어디에서나 애벌레를 볼 수 있지만 월동이 가능한 지역은 주로 온난한 태평양 연안부만입니다.

초봄에는 월동에 성공한 일부만이 여행을 떠나 산란하고, 그렇게 태어난 애벌레가 여행길을 이어갑니다. 비상 능력은 무척 뛰어납니다. 9월 즈음이 되면 놀랍게도 일본 전국(홋카이도는 남부지역만)의 하늘을 수놓습니다. 그러나 온난화 등의 영향으로 물결부전나비의 대이동이 언젠가 끝난다면 우리는 콩도 함께 잃게 될지도 모릅니다.

물결부전나비 *Lampides boeticus* 부전나비과

몸길이: 약 17mm **분포:** 한국, 일본, 남유럽 **애벌레 시기:** 온난한 지역이라면 1년
식성: 콩과(잠두콩, 제비콩 등 다수) 식물의 어린잎, 꽃, 협과

I

II

III

I

초록색 애벌레도 있다. 초록색 그대로 번데기가 되는 것부터 갈색을 띠는 것까지 색상이 다양하다.

II

어린잎이나 꽃봉오리에 집중적으로 산란한다. 알을 겹겹이 쌓을 정도로 낳는다. 사진 속 식물은 제비콩이다.

III

성충: 날개 편 길이 28~34mm. 날개의 물결 모양 때문에 물결부전나비라는 이름이 붙었다. 뒷날개의 세련된 무늬가 눈길을 사로잡는다. 일본 내에서 월동이 가능한 곳은 지바현 남단, 이즈반도 남부, 기이반도 남부, 시코쿠, 규슈 이남의 온난한 지역으로 한정된다.

예의 바른 마스코트 흑백알락나비

흑백알락나비 애벌레인 줄 알고 신나서 들여다보면 왕오색나비 애벌레여서 실망하고 마는 경우가 많았습니다. 성충은 자주 보이지만, 애벌레는 몇 번밖에는 본 적이 없습니다. 주변에서는 흑백알락나비 애벌레를 잘만 키우는데 말입니다.

흑백알락나비 애벌레는 왕오색나비 애벌레와 똑같이 생겼습니다. 뒤에서 소개할 홍점알락나비와도 비슷하게 생겼지요(164쪽). 이들 모두 팽나무를 좋아해서 더 헷갈리기도 합니다. 번식 상태를 보자면 흑백알락나비가 가장 뛰어난데, 도심부의 공원이나 정원에서 손쉽게 볼 수 있습니다. 반면, 산골 마을에서 가깝고 생물이 풍부한 환경일수록 왕오색나비가 더 우세하다고 합니다.

관찰하면 할수록 들여다보게 되는 매력이 묘왕오색나비와 비슷합니다. 토끼 같은 귀여운 얼굴과 활기차고 발랄한 성격, 그리고 엄청난 식욕을 가졌습니다. 그러나 왕오색나비보다도 훨씬 기품이 넘쳐서 식사는 천천히 즐기는 편입니다. 성격도 조금 더 얌전해서 갑자기 폭주하며 다른 애벌레를 던지는 일은 없습니다.

가을에 부화한 애벌레는 3령 애벌레까지 자란 후 나무에서 내려와 낙엽 사이를 비집고 들어가 겨울을 보냅니다. 4월이 되면 낙엽에서 나와 어린잎이 자라난 팽나무를 기어오릅니다. 잎 표면에 가만히 있는 것도 왕오색나비와 같습니다. 애벌레는 이렇게나 비슷한데 우화한 후의 모습이 전혀 다른 것도 무척 신기합니다. 만약 가을에 애벌레를 발견한다면 10월 즈음에는 겨울나기를 준비하기 때문에 사육이 장기간으로 길어지게 됩니다. 우화를 즐기고 싶다면 늦봄에서 초여름 사이에 애벌레를 찾는 것을 추천합니다.

흑백알락나비보다 홍점알락나비의 개체 수가 압도적으로 많지만 주식인 팽나무가 길에 널릴 정도로 많아서 먹이를 두고 싸우는 일은 없습니다. 다만 최근에 흑백알락나비를 찾는 것은 힘들어졌습니다.

흑백알락나비 *Hestina persimilis japonica*[30] 네발나비과

몸길이: 약 39mm	**분포:** 한국, 일본, 대만
애벌레 시기: 1년(애벌레 월동)	**식성:** 팽나무, 풍게나무 등

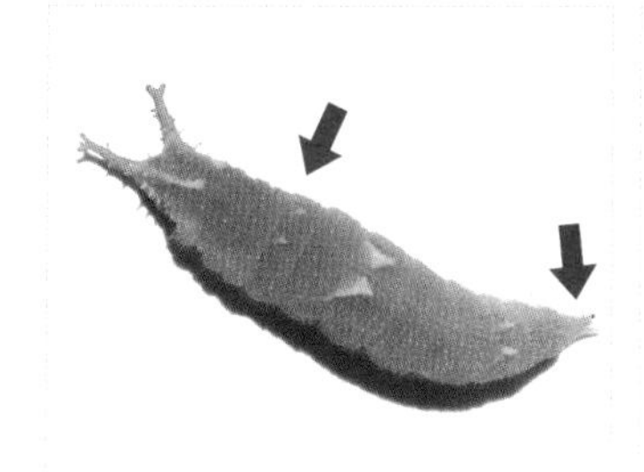

I II

III

I

등에 있는 돌기의 유무는 개체마다 차이가 있다. 홍점알락나비와 구분하기 위해서는 꼬리 부분을 보는 것이 좋다. 꼬리가 벌어져 있다면 흑백알락나비 애벌레다.[31]

II

번데기도 구분이 가능하다. 왼쪽이 흑백알락나비, 오른쪽이 홍점알락나비의 번데기다(돌기가 눈에 띈다).

III

성충: 날개 편 길이 60~85mm. 박력 있는 흑백 무늬를 자랑한다. 눈과 입은 선명한 주황색이다.

---

30 학명 Hestina japonica의 학명 이명

31 홍점알락나비(164쪽)와 무척 비슷하고 특히 약령기에는 구별하기 더욱 어려움

어느새 세 배나 늘어난 뿔나비

뿔나비란 이름은 성충의 얼굴에 뿔처럼 튀어나온 기관(아랫입술 수염 기관)이 있다고 해서 붙여진 것입니다. 외양은 날개를 접고 있으면 낙엽 같기도 하고 생김새가 평범해서 나방처럼 보이기도 합니다. 아주 오래전부터 형태를 유지하고 있는 종이기도 합니다.

사실 뿔나비를 키워 보고 싶다고 생각한 적은 한 번도 없지만, 어쩌다 보니 매년 키우고 있습니다. 이렇게 말하면 조금 미안한데 매년 뿔나비를 키우게 되는 이유는 왕오색나비나 흑백알락나비를 위해 팽나무 잎을 수확하다가 덤처럼 발견하기 때문입니다. 애벌레의 생김새는 남방노랑나비(114쪽)와 흡사합니다. 가는 몸에 황록색의 어른스러운 풍채가 느껴지며 옆구리에는 옅은 줄무늬가 있습니다. 가슴을 들고 머리를 숙이면서 꾸벅 인사하는 듯한 자세로 쉬고 있는 점이 남방노랑나비 애벌레와는 다릅니다.

뿔나비 애벌레가 왕오색나비 애벌레에게 호되게 당한다는 일화를 소개했는데, 사실 뿔나비 애벌레도 만만치 않습니다. 왕오색나비 애벌레의 몸집이 아직 작을 때는 다가오기만 해도 화가 나서 엄청난 기세로 온몸을 부들부들 떨며 상반신을 마구 흔들어 댑니다. 상대방이 피해 가면 식사를 계속하지만 왕오색나비 애벌레는 반성의 기미도 없이 다시 찾아와 뿔나비 애벌레의 식사를 방해합니다. 결국 격분한 뿔나비는 상반신을 채찍처럼 흔들면서 토끼 모양 얼굴을 찰싹 내려칩니다. 그제야 왕오색나비 애벌레는 정신을 차리는데, 이 만화 같은 광경이 하루에 몇 번이고 벌어집니다. 정신 건강을 위해서 두 애벌레는 다른 채집통에서 키우는 것을 추천합니다. 겨우 평화를 찾아 다른 채집통의 애벌레를 위해 신선한 먹이를 수확해서 주다 보면 어느새 또 뿔나비 애벌레가 딸려 오는 불상사가 생기고 맙니다.

뿔나비 *Libythea lepita celtoides*[32] 네발나비과

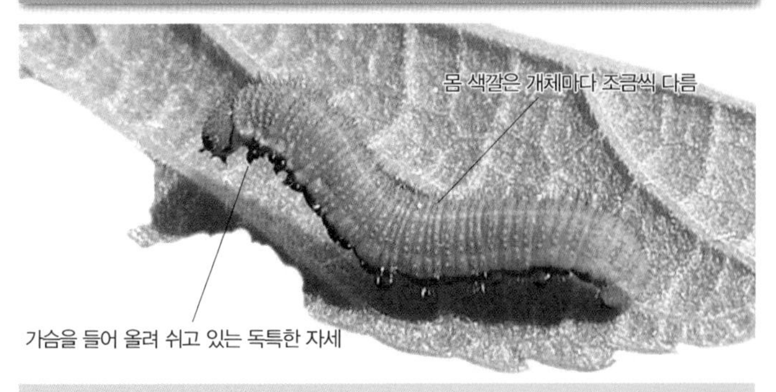

몸길이: 약 25mm	**분포:** 한국, 일본, 대만
애벌레 시기: 5~8월	**식성:** 팽나무, 풍개나무, 뽕나무의 일종

I

II

III

I
온몸이 초록색인 유형이다. 생김새는 남방노랑나비 애벌레와 비슷하지만, 가슴을 들고 쉬는 것이 다르다.

II
잎사귀 아래에 매달린 번데기의 모습이다. 서양의 투구를 떠올리게 하는 모양으로, 꾸밈없고 굳세어 보이는 형태와 색상이 매력적이다.

III
성충: 날개 편 길이 40~50mm. 뾰족한 뿔이 특징인 나비다. 날개를 접으면 낙엽 같은 질감이다.

32 학명 Libythea celtis의 학명 이명

나무 위의 저격수
남방노랑나비(노랑나비)

남방노랑나비를 키우는 일은 밀려드는 따분함과 참을 수 없는 졸음이 함께합니다. 말 그대로 녀석은 고장 난 시계처럼 거의 움직이지 않습니다. 차분한 연두색 몸에 오프화이트의 줄무늬가 눈에 띄는 애벌레의 모습은 매우 아름답습니다. 아주 철저한 합리주의자로, 인간이 좋아할 만한 일을 한다든가 하는 쓸데없는 일에는 전혀 시간을 할애하지 않고 온종일 먹고 자기만 합니다. 그리고 주식으로 먹는 자귀나무는 물 올림이 좋지 않아서 금방 시들어 버리니 먹이를 주는 것도 상당히 번거롭습니다. 게다가 지루하기까지 해서 솔직히 감당하기 벅찹니다.

그래도 남방노랑나비를 키우며 즐거웠던 일이 없지는 않습니다. 남방노랑나비 애벌레에게는 방분기放糞器라는 특수한 기관이 있습니다. 애벌레는 보통 자신을 먹잇감으로 노리는 기생충에게 들키지 않으려고 이파리 끝에서 엉덩이를 내밀고 조심스레 똥을 눕니다. 그러나 남방노랑나비 애벌레는 제가 채집통 옆에서 논문을 읽고 있으면 딱, 콩 하는 소리를 내며 똥을 발사합니다. 게다가 그것마저 귀찮을 때는 자면서 발사하기도 합니다.

이전까지는 노랑나비라고 불렸지만, 최근에 남방노랑나비로 이름이 바뀌었습니다. 일본 혼슈 제도와 난세이 제도에 서식하는 종과 난세이를 비롯해 다른 아시아와 오세아니아 지역에서 서식하는 종으로 나뉩니다. 둘은 분명 다른 개체지만 서로 비슷한 생김새로 인해 구별하기가 어려울 것입니다.

남방노랑나비의 재밌는 구석이 한 가지 더 있습니다. 성충의 성별은 몸속에 있는 박테리아가 결정 짓는다는 것입니다. 인위적으로 박테리아를 없애거나 활동하지 못하도록 했더니 정소와 난소를 함께 지닌 성충이 되었다는 이야기를 들으니 어쩌면, 앞으로 다른 나비나 생물에서도 비슷한 발견이 이루어질지도 모르겠습니다.

남방노랑나비 *Eurema mandarina* 흰나비과

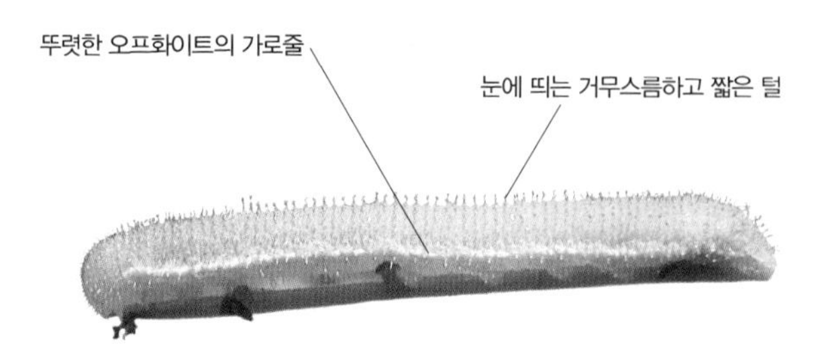

몸길이: 25~30mm	**분포:** 한국, 일본, 중국
애벌레 시기: 5~9월	**식성:** 자귀나무, 비수리, 싸리, 결명차 등

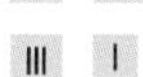

III

I

배추흰나비 애벌레를 길게 늘린 듯한 모양이다. 잎맥 위에 평행 주차한 채로 움직이지 않는다.

II

방분기의 위력을 확인하고 싶다면 채집통에 넣어 관찰해보자. 남방노랑나비의 똥이 다른 개체를 맞히는 경우도 있다.

III

성충: 날개 편 길이 35~45mm. 균형 잡힌 용모가 매력적이다. 남방노랑나비는 비상할 때 외에는 날개를 펴지 않는다.

풀숲의 총잡이
노랑나비

노랑나비는 어디에서나 볼 수 있는 평범한 종이지만 질리지 않는 귀여움이 있습니다. 수컷 성충은 누가 보아도 노랑나비지만, 암컷은 하얀빛을 띠고 있어서 배추흰나비로 오해받는 불명예를 떠안기도 합니다.

노랑나비의 애벌레는 콩과 식물의 채소나 잡초 위에서 생활합니다. 길거리나 황무지에 자라는 토끼풀, 살갈퀴에 배추흰나비의 애벌레와 똑 닮은 애벌레가 있다면 분명 노랑나비 애벌레일 것입니다. 구분하는 포인트는 바로 오른쪽 사진의 가로줄입니다. 선명한 크림색 선 위에 노란 물방울무늬가 새겨져 사랑스럽고 발랄한 분위기를 자아냅니다.

노랑나비의 개체수는 많지만 직접 키우거나 발견한 사람은 생각보다 적습니다. 노랑나비 애벌레가 전성기를 맞이할 즈음 농가나 관공서에서 풀베기를 시작하기 때문입니다. 하필 이때 콩과 채소의 수확기여서 작물을 옮겨 심다 보니 애벌레의 주식인 풀이 모두 사라집니다. 이렇게 운이 따르지 않는 나비여서인지 "노랑나비가 줄고 있다"는 소문을 종종 듣게 됩니다. 그러나 교외나 산 근처로 가면 건강히 무럭무럭 자라고 있습니다.

활발한 애벌레가라는 점에서는 앞서 말한 남방노랑나비와 완전히 다릅니다. 또한, 연분홍색의 테두리를 두르고 우화하는 순간을 보면 그 아름다움에 말이 나오지 않을 정도의 감동과 각별한 즐거움을 느낄 수 있습니다.

남방노랑나비와 비슷한 구석도 있습니다. 노랑나비의 애벌레도 방분기를 지니고 있어서 넘치는 기운으로 똥을 발사합니다. 먹는 풀이 달라서 그런지 발사하는 기운만큼은 남방노랑나비가 승자입니다.

노랑나비 *Colias erate poliographa*[33] 흰나비과

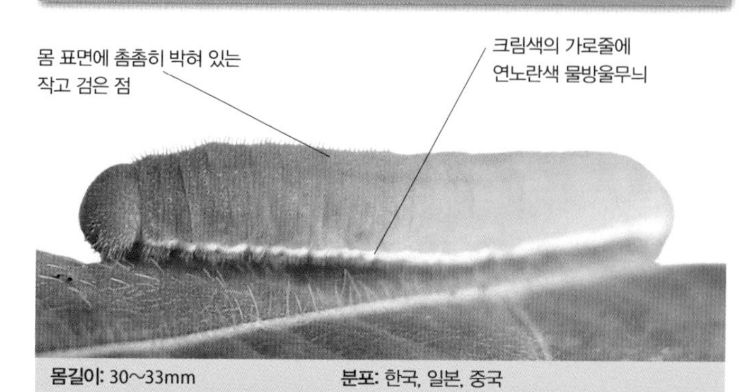

몸길이: 30~33mm
애벌레 시기: 약 1년
분포: 한국, 일본, 중국
식성: 토끼풀, 대두, 살갈퀴, 자운영 등

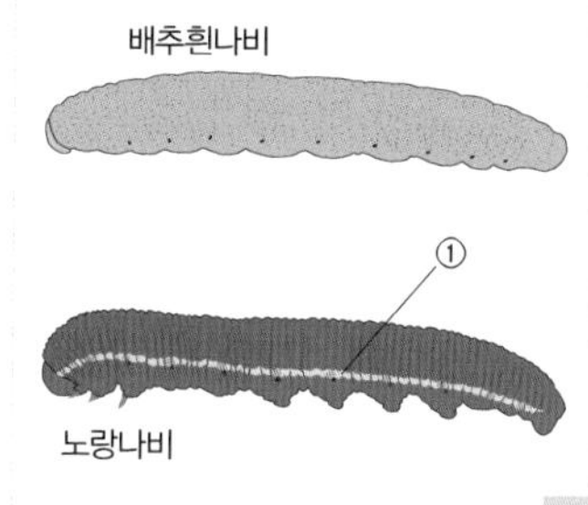

I

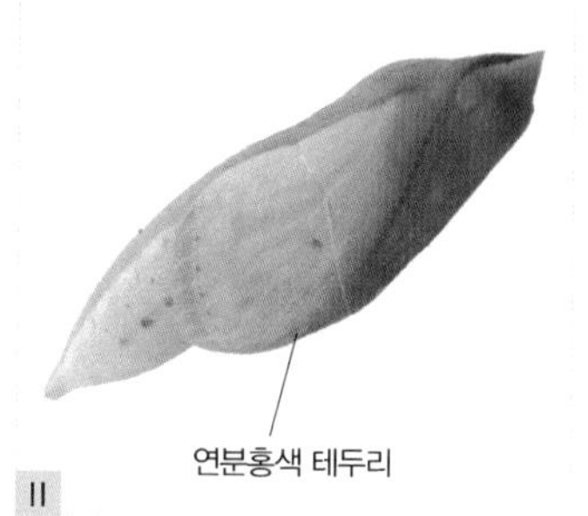

II

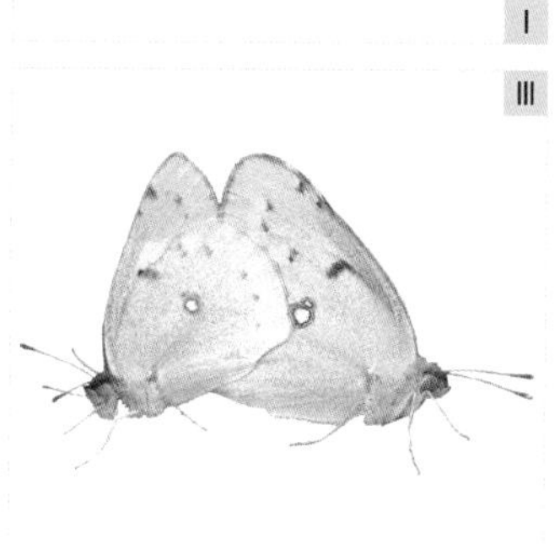

III

I

배추흰나비 애벌레와 비슷하다. ①번의 가로줄의 유무로 구분할 수 있고, 먹이도 완전히 다르다.

II

번데기의 모습이다. 이렇게 화려한 색채를 띤 번데기는 흔치 않다. 연분홍색이 포인트가 되어 아름답다.

III

성충: 날개 편 길이 40~50mm. 왼쪽이 암컷, 오른쪽이 수컷이다. 암컷 중에는 몸 색깔이 노란 개체도 있다고 한다.

---

33 학명 Colias erate의 학명 이명

식은땀을 흘리는 애벌레 배추흰나비

배추흰나비는 나비 세계에서 박테리아 취급당하며 가치가 없는 종으로 통하지만 사실 아주 아름답고 애교도 많습니다. 배추흰나비 애벌레의 가장 큰 매력은 단순한 생김새와 부드러운 색채, 귀여운 얼굴입니다. 부드러운 연두색 몸이 마음을 온화하게 만들고, 몸의 옆면에는 레몬색 점박이가 얄밉게 박혀 있습니다. 이파리 위를 천천히 머리를 좌우로 흔들면서 산책하는 모습은 무척이나 행복해 보입니다. 마치 인생을 만끽하고 있는 모습입니다.

배추흰나비는 애벌레의 대표처럼 여겨지는데, 정확히는 스포츠머리를 한 모충으로 볼 수 있습니다. 온몸에 부드럽고 짧은 가시털이 나 있는데, 여기에는 흥미진진한 생명 전략이 숨겨져 있답니다.

일반적으로는 자극을 주면 고약한 냄새가 나는 액체를 뿜는다고 되어 있는데, 이 액체에는 비밀이 숨겨져 있습니다. 가시털 위에 몽글몽글 맺히는 투명한 기름방울은 팔미트산과 올레산이 주성분으로, 독특한 냄새를 풍기는데 이것이 배추흰나비 애벌레의 천적인 배추나비고치벌을 불러들입니다. 교토대학 농학부의 시오지리 씨가 자살 행위와도 같은 불가해한 비밀에 대해 엄청난 사실을 밝혀냈습니다.

실험에 따르면 개미는 마주친 상대방을 취각으로 두드려 식별합니다. 배추흰나비 애벌레와 만났을 때 취각에 기름방울이 묻으면 당황하며 취각을 닦습니다. 개미는 이 기름방울을 무척이나 싫어한다고 합니다. 거름종이를 이용해 애벌레에 있는 기름방울을 닦아냈더니 개미는 기름방울이 없어진 개체부터 노렸다고 합니다. 개미는 어디든지 있고 그 수는 배추흰나비의 애벌레의 수와 비교하기에는 어마어마합니다. 배추흰나비 애벌레는 가장 긴급한 문제부터 해결하기 위해 기름방울을 분비하고 있는 것처럼 보입니다. 이를 보면 배추흰나비의 삶은 꽤 고생스럽게 느껴집니다.

배추흰나비 애벌레를 키우는 것은 간단합니다. 기름방울 실험과 관찰도 해 볼 수 있지요. 무엇보다 연령과 관계없이 보고 있으면 치유되는 기분이 듭니다. 믿기지 않지만 사실이랍니다.

배추흰나비 *Pieris rapae crucivora*[34] 흰나비과

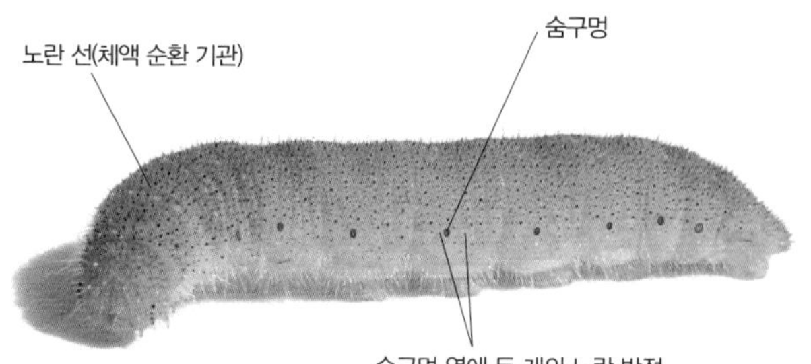

몸길이: 약 28mm	**분포:** 한국, 일본, 중국
애벌레 시기: 약 1년	**식성:** 양배추, 브로콜리, 무, 경수채 등

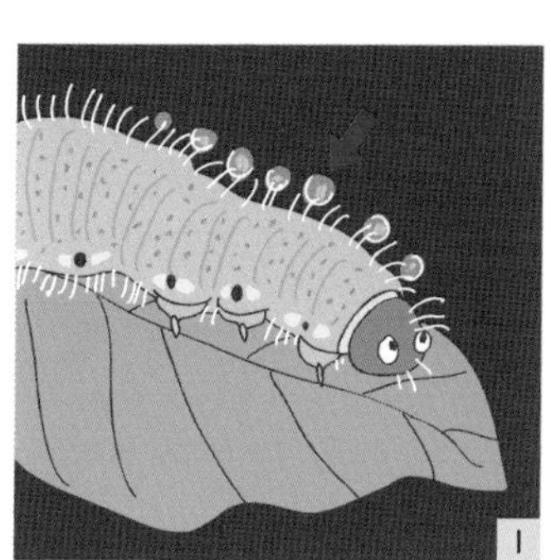
I

II

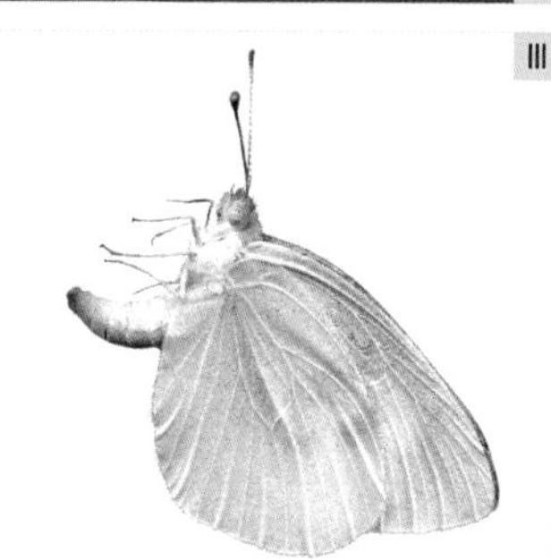
III

I 위험을 감지하면 기름방울을 몸밖으로 배출한다. 배추흰나비 애벌레 이외의 종도 활용하고 있다. 다만 상세한 내용은 아직 밝혀진 바가 없다.

II
번데기의 모습이다. 색깔은 희끄무레한 것부터 연두색, 갈색까지 다양하다. 분홍색 번데기도 있는데, 이는 기생충이 있다는 증거다.

III
성충: 날개 편 길이 44~45mm. 우유에 녹은 버터를 띄운 듯한 부드러운 색상이다. 경이로운 생명력을 지녔다.

---

34 학명 Pieris rapae의 학명 이명

신묘, 절묘, 혹은 미묘? 큰줄흰나비

주변에서 흔히 찾아볼 수 있는데도 이름을 선불리 확정 지을 수 없는 종이 있습니다. 지금부터 소개할 큰줄흰나비가 그렇습니다. 큰줄흰나비와 배추흰나비를 구분할 수 있는 사람은 그리 많지 않습니다. '나는 확실히 구분할 수 있다'고 자신하는 사람이나 사육 경험이 많은 사람이라도 막상 우화한 모습을 보면 "아니…… 이거 진짜 큰줄흰나비 맞나요?"라고 머리를 긁적이게 됩니다. 따라서 학회에서도 골머리를 앓고 있는 종입니다.

큰줄흰나비 애벌레의 모습은 배추흰나비 애벌레와 정말 똑같습니다. 먹이는 야생의 잡초이며 자연환경이 잘 갖춰져 있는 나무숲 주변에서 쉽게 발견할 수 있는데, 정원에서 기르는 재배 채소에도 서식합니다. 오른쪽 그림처럼 배추흰나비 애벌레와 큰 차이가 없습니다. 그래도 익숙해지면 구분할 수 있게 되면서 자신감의 원천이 되기도 합니다.

하지만 자만하면 큰코다칠 수 있습니다. 최근에 큰줄흰나비는 줄흰나비와 작은줄흰나비(가칭)[35] 두 가지 종으로 분류되었습니다. 애벌레와 성충은 육안으로 식별이 불가능할 정도입니다. 성충은 400배율의 현미경으로 수컷의 발향린, 즉 향내를 피우는 인분과 생식기 형태를 비교해야 합니다. 즉 수컷만 구분이 가능하다는 이야기입니다. 습성부터 형태까지 아주 흡사합니다. 연구가 진행됨에 따라 지역이나 개체에 따라 변화가 두드러지기도 해서 "굳이 두 가지 종으로 나눌 필요가 있는가"라고 말하는 학자도 있습니다. 한 연구자는 야마가타현 이남에서 발견되는 종은 "대륙에서 건너온 경로가 다르므로 새로운 명칭으로 해야 한다"고 말합니다.

모든 의견이 흥미롭지만 일단 애벌레를 키우기 시작했다면 먼저 관찰해 보는 것도 좋을 것 같습니다. 큰줄흰나비는 변화무쌍한 일반 종으로, 생각지 못한 새로운 발견을 할지도 모릅니다.

---

35 학명 Artogeia nesis

큰줄흰나비 *Pieris melete* 흰나비과

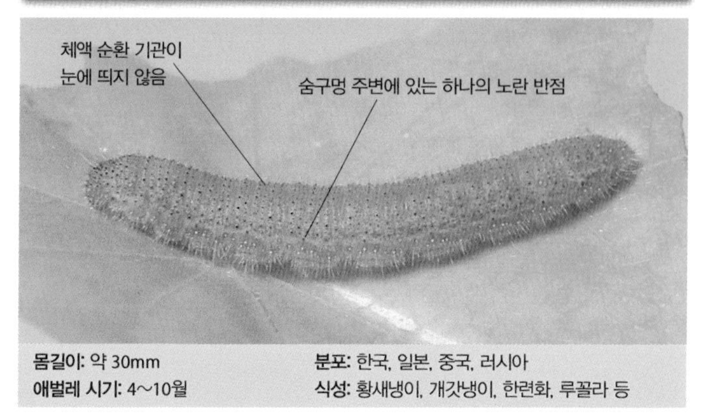

몸길이: 약 30mm
애벌레 시기: 4~10월
분포: 한국, 일본, 중국, 러시아
식성: 황새냉이, 개갓냉이, 한련화, 루꼴라 등

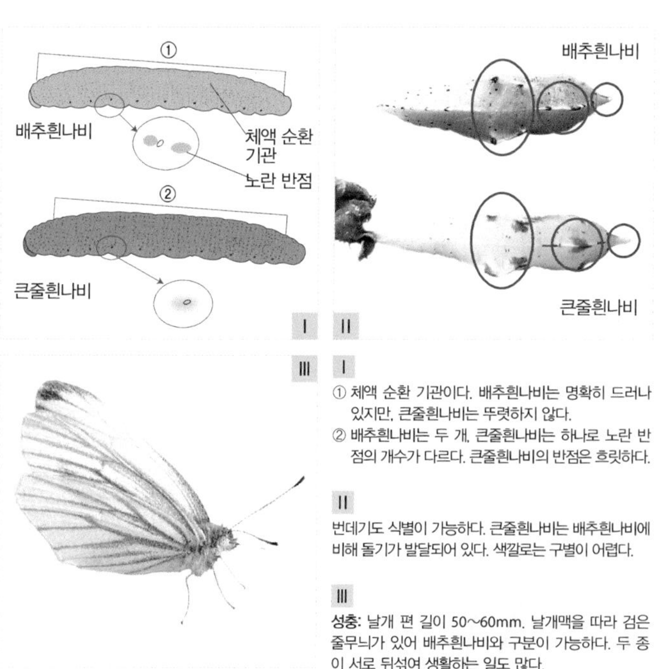

I

① 체액 순환 기관이다. 배추흰나비는 명확히 드러나 있지만, 큰줄흰나비는 뚜렷하지 않다.
② 배추흰나비는 두 개, 큰줄흰나비는 하나로 노란 반점의 개수가 다르다. 큰줄흰나비의 반점은 흐릿하다.

II

번데기도 식별이 가능하다. 큰줄흰나비는 배추흰나비에 비해 돌기가 발달되어 있다. 색깔로는 구별이 어렵다.

III

성충: 날개 편 길이 50~60mm. 날개맥을 따라 검은 줄무늬가 있어 배추흰나비와 구분이 가능하다. 두 종이 서로 뒤섞여 생활하는 일도 많다.

고양이 귀 같은 푸른자나방

고혹적이라는 말이 있지요. 자벌레는 따져보면 코믹하고 친근해서 인기가 있지만, 곤충 애호가 사이에서는 고혹적인 존재로, 많은 사람을 자나방의 세계로 끌어들입니다.

우선, 일본산 자벌레는 900종이 넘는다는 점을 유념하셔야 합니다. 이들을 일일이 식별하는 일은 무척 어렵습니다. 하지만 그중에는 푸른자나방처럼 구분이 쉬운 종도 있습니다.

푸른자나방은 다른 종과 함께 발견되는 일이 많습니다. 대부분 청띠제비나비 애벌레를 찾고 있던 참에 발견됩니다. 청띠제비나비의 알이나 어린 애벌레는 녹나무 새싹에서 찾기 쉬운데, 푸른자나방도 이곳을 가장 좋아합니다. 인간의 기척을 느끼면 막대기처럼 우뚝 멈춰 섭니다. 투명감이 넘치는 아름다운 연둣빛 몸이 어린 가지로 위장하는 모습에 절로 감탄이 나옵니다. 푸른자나방을 정면에서 바라보면 귀여운 고양이 귀 같은 얼굴을 부끄럽다는 듯이 아래로 향하곤 합니다. 사육하기도 쉽고, 관찰하는 재미도 있습니다.

주식인 녹나무에는 장뇌樟腦가 함유되어 있습니다. 장뇌는 청량감을 주면서 국소 마취 효과가 있는데, 우리는 수증기 증류를 이용해 염증을 완화하는 약으로 만들거나 립밤, 보습제로 사용합니다. 그러나 곤충에게는 괴로운 독극물로, 인간은 이를 이용해 방충제를 만들기도 합니다. 가로수로 녹나무가 쓰이는 이유도 병충해가 적기 때문입니다. 따라서 한정된 생물만 녹나무를 이용하고 있으니 종을 구분하는 것도 쉬워집니다.

푸른자나방은 성충 또한 매력적입니다. 이름처럼 말 그대로 푸른 나방이 됩니다.

푸른자나방 *Pelagodes subquadrarius* 자나방과

머리 부분에는 작은 뿔 모양의 돌기가 있다

온몸이 투명한 연두색 (주황빛이 도는 개체도 있다)

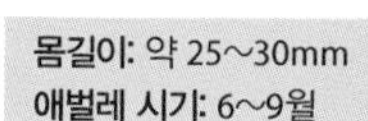

몸길이: 약 25~30mm
애벌레 시기: 6~9월
분포: 일본 간토 이서~난세이 제도
식성: 녹나무

I

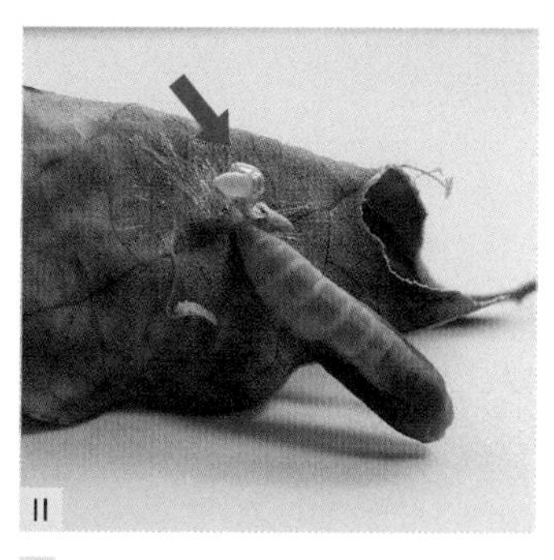

II

III

I
아름다운 자벌레의 모습이다. 우뚝 선 모습도 멋지지만 걷는 동작도 귀엽기 그지없다.

II
번데기의 모습이다. 꼬리 부분을 잎에 고정하는 방식으로 나비와 흡사하다. 나방류에서흔치 않은 방식이다.

III
성충: 날개 편 길이 28~32mm. 기품 넘치는 푸른빛을 띠고 있다. 하얀 선 두 줄과 주황색 테두리가 수수한 분위기를 풍긴다.

거대 고양이 귀와 화학 위장
몸큰가지나방

자벌레를 다루기에는 까다로운 부분이 많습니다. 먼저 식별이 어렵고 재밌는 종이 너무 많아서 소개할 것을 하나만 고르기가 어렵습니다. 게다가 자벌레에 대해 밝혀진 사실은 많지 않습니다.

몸큰가지나방의 애벌레는 정원수나 공원에 있는 나무 등에 서식하지만 의외로 발견 횟수는 적습니다. 일반적인 자나방과와 달리 엄청나게 큰 거대종으로, 수개월에 걸쳐서 성장합니다. 이렇게나 몸집이 큰데도 불구하고 눈에 잘 띄지 않는 것은 인간의 색채감각에 비해 절대적인 의태 능력을 발휘하기 때문입니다. 밤나무, 벚나무, 단풍나무와 같이 가지 색깔이 어두운 곳에 딱 붙어 있으니 더욱 눈에 띄지 않습니다.

몸 색깔은 개체에 따라 다른데, 어두운 회색(회색 계열)부터 청동색(갈색 계열)까지로 다양합니다. 몸 표면에는 울퉁불퉁한 돌기가 듬성듬성 나 있어서 나무껍질에 붙어 자고 있으면 아무리 눈을 크게 뜨고 바라보아도 찾기가 쉽지 않습니다. 이렇게 시각적인 위장도 대단하지만 이 애벌레의 진가는 바로 '취각 위장'에서 찾아볼 수 있습니다.

이들은 탄수화물이 주성분인 특수한 왁스를 몸에 두르고 있는데, 주식으로 하는 나무껍질의 냄새를 모방할 수 있습니다. 천적인 개미조차 이 애벌레를 분간하지 못해서 먹잇감인 애벌레 몸 위를 아무 의심 없이 지나갈 정도로 정밀합니다.[36]

교토 공예 섬유 대학의 아키노 도시하루 씨는 몸큰가지나방 애벌레가 벚나무에서 성장하는 중에 동백나무로 이동시키는 실험을 했습니다. 그 결과 몸큰가지나방 애벌레는 몸에 두른 왁스를 동백나무에 맞게 바꿔 입었습니다.

이러한 특수 위장의 진화가 착실히 성과를 내면서 이 거대한 고양이 귀를 지닌 자벌레는 번성을 거듭하고 있습니다. 실제로 만지면 생각보다 부드럽고 말캉말캉해서 계속 만지고 싶어집니다.

---

36 森 昭彦, 近なムシのびっくり新常識100, SB クリエイティブ, 2008.

몸큰가지나방 *Biston robustus* 자나방과

몸길이: 70~90mm **분포:** 한국, 일본 **애벌레 시기:** 4~9월
식성: 벚나무, 밤나무, 상수리나무, 사과나무, 동백나무, 단풍나무 등 다수

I

II

III

협력: 神奈川県立生命の星・地球博物館

I

커다란 고양이 귀 모양 얼굴이 매력적이다. 수개월에 걸쳐 성장하므로 키우는 재미가 있다

II

정면 사진은 쉽게 찾아볼 수 있지만 사실 뒷모습도 상당히 귀여운 구석이 있다.

III

성충: 날개 편 길이 50~80mm. 3~5월에 걸쳐 활동한다. 앞날개의 모서리 무늬가 인상적이며 은근한 멋이 있다.

굵고 가냘프지만 뻔뻔스러운
네눈쑥가지나방과 끝무늬애기자나방

이들은 정원이나 길거리에서 자주 목격할 수 있습니다. 네눈쑥가지나방 애벌레가 이름처럼 쑥만 먹어 준다면 사랑받겠지만, 이 애벌레는 식물 애호가와 차밭 주인에게는 방심할 수 없는 천적입니다. 네눈쑥가지나방 애벌레가 차밭에서 번식하기 시작하면 새싹을 모조리 따먹습니다. 게다가 마당이나 정원에서는 약초, 과일나무, 채소까지 먹어 치우는 대식가입니다. 몸만 큰 것이 아니라 뻔뻔스럽기 그지없는 성격으로, 은폐와는 거리가 상당히 먼 눈속임을 합니다. 그것도 식물의 줄기보다 굵어서 바로 들키고 맙니다.

그래도 색깔은 신경을 쓰는 모양인지 회색 계열에서 진한 갈색 계열까지 다채롭습니다. 등 부분에는 눈에 띄는 한 쌍의 혹이 나 있어 정체가 금방 들통납니다. 나나니라는 사냥벌이 중령 애벌레를 발견하면 집으로 데려가 버리니 감사한 일입니다.

한편 장미, 딸기, 풀숲에는 끝무늬애기자나방 애벌레가 바늘처럼 우뚝 서 있습니다. 제초 작업을 하면 거의 100%의 확률로 마주치는 애벌레로 믿기지 않을 만큼 얇고 깁니다. 과일나무나 장미에 붙어 있을 때는 솔직히 잘 보이지 않습니다. 또한 똑 닮은 다른 종이 있어서 식별도 어려운 편입니다. 하지만 제초 작업 시 동그란 괭이밥 이파리 위에서 멍하니 우뚝 서 있는 애벌레가 있다면 아마 끝무늬애기자나방일 가능성이 큽니다. 왜냐하면 괭이밥을 먹는 벌레가 그리 많지 않기 때문입니다. 안 보이는 척 터무니없이 얇고 긴 애벌레로 우뚝 서 있는 모습은 고무가 천천히 튕겨지는 느낌이라 보고 있으면 웃음이 나옵니다. 녀석은 대부분 없는 척하기에는 적합하지 않은 장소에서 우뚝 서 있기 때문에 정원에서 일하던 사람이 발견하고는 손가락으로 장난을 치는 일이 흔합니다. 그래도 애벌레는 포기하지 않습니다. 30분 정도는 미동도 하지 않습니다. 섬세한 것인지 뻔뻔한 것인지 도무지 알 수 없는 녀석입니다.

네눈쑥가지나방 *Ascotis selenaria* 자나방과

이곳의 돌기가 무척 눈에 띔

회색빛이 감도는 하얀색에서
진한 갈색까지 다양한 몸 색깔

몸 표면에 털이 자람

몸길이: 55~60mm
분포: 한국, 일본, 대만
애벌레 시기: 6~10월
식성: 감귤류, 콩류, 당근, 코스모스 등 무척 다양함

성충: 날개 편 길이 37~49mm

끝무늬애기자나방 *Pylargosceles steganioides* 자나방과

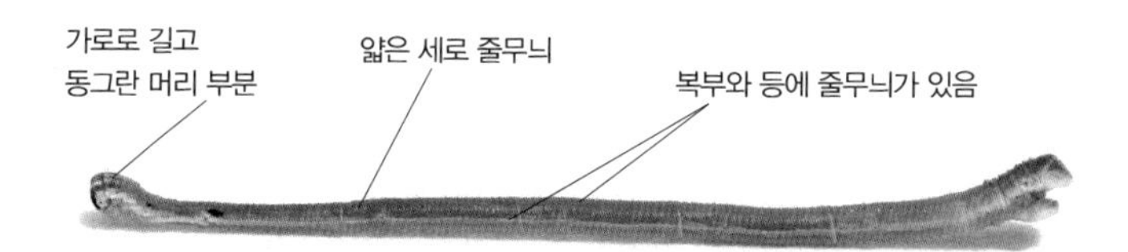

몸길이: 약 30~35mm **분포:** 한국, 일본
애벌레 시기: 6~11월
식성: 괭이밥, 찔레나무, 원예 장미, 양딸기,
감귤류 등 다수

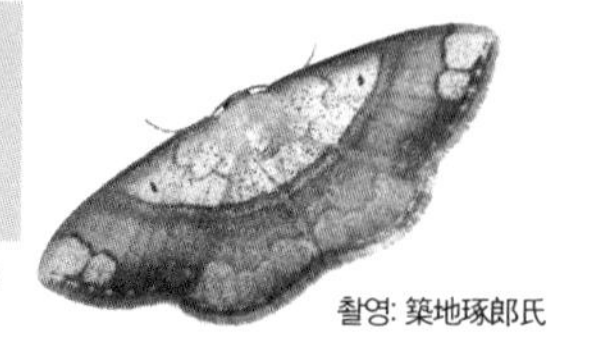

성충: 날개 편 길이 19~24mm

촬영: 築地琢郎氏

요정이 속삭이는 소리
긴꼬리산누에나방

긴꼬리산누에나방의 성충은 인간에게 인기가 많습니다. 특히 몹시 우아한 모습 덕분에 '숲의 요정'이라고 불립니다. 또한 애벌레의 모습이 인간을 눈을 사로잡습니다.

울퉁불퉁한 체형과 듬성듬성 난 기다란 털은 볼품이 없지만, 투명한 연둣빛 몸은 무척 아름답습니다. 둔해 보이는 몸짓도 어찌 보면 신사답고 품격있어 보이기까지 합니다. 얼굴도 온화함 그 자체입니다.

어린 시절부터 길게 난 털과 함께 나뭇가지를 활발히 돌아다닙니다. 아무리 크게 자라도 잎사귀 아래에 숨어 시간을 보내는 모습을 보면 조용하고 겸허한 성질의 소유자라는 것을 알 수 있습니다. 하지만 필요할 때는 화를 낼 줄도 압니다. 심기를 건드리면 항의의 목소리를 내고 구기를 두드리듯 움직이면서 속삭이듯 '칫칫'하는 소리를 냅니다. 화를 더 돋우면 분개하면서 입에서 갈색 액체를 토해내고, 거구의 몸을 붕붕 좌우로 흔들면서 토사물을 흩뿌립니다. 실제로 이 모습을 보면 엄청납니다.

잡목림을 좋아하지만 시가지의 정원수에서도 발견할 수 있습니다. 환경적응력이 꽤 높은 편입니다. 참나무산누에나방(74쪽)과 똑같이 생겼는데, 식성 또한 겹쳐서 헷갈리기 쉽습니다. 두 애벌레를 구분하는 비법은 오른쪽 그림과 같습니다. 하지만 어린 애벌레일 때는 구분이 쉽지 않습니다. 참나무산누에나방은 봄에서 초여름에 걸쳐 1년에 한 번 발생합니다. 긴꼬리산누에나방의 애벌레는 가을에도 발견할 수 있는 2회성입니다. 가을에 우화한 성충이 알을 낳고 그 새끼는 알 속에서 겨울을 납니다. 부화는 4월 즈음 이루어집니다. 더 자세히 파고든다면 옥색긴꼬리산누에나방과도 구분해 보는 것도 재밌습니다. 옥색긴꼬리산누에나방은 습지에서 자라는 오리나무에 서식하는 종으로, 애벌레의 모습은 긴꼬리산누에나방과 아주 흡사하지만 식성이 달라서 쉽게 구분할 수 있습니다.

긴꼬리산누에나방 *Actias aliena* 산누에나방과

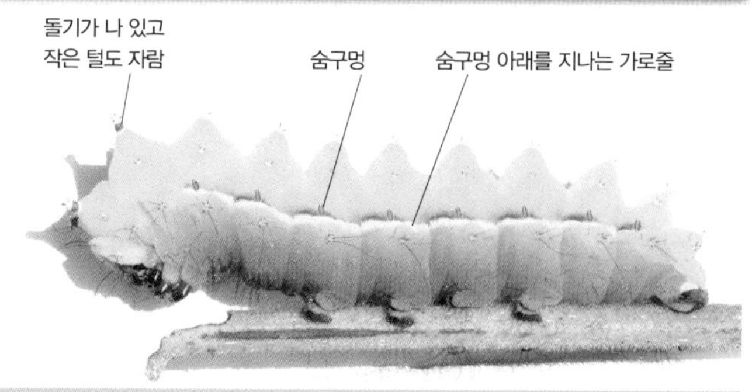

몸길이: 70~80mm **분포:** 한국, 일본, 시베리아 남동부 및 중국 북부
애벌레 시기: 5~7월, 8~10월 **식성:** 졸참나무, 밤나무, 단풍나무류, 가래나무, 벚나무, 매화나무 등

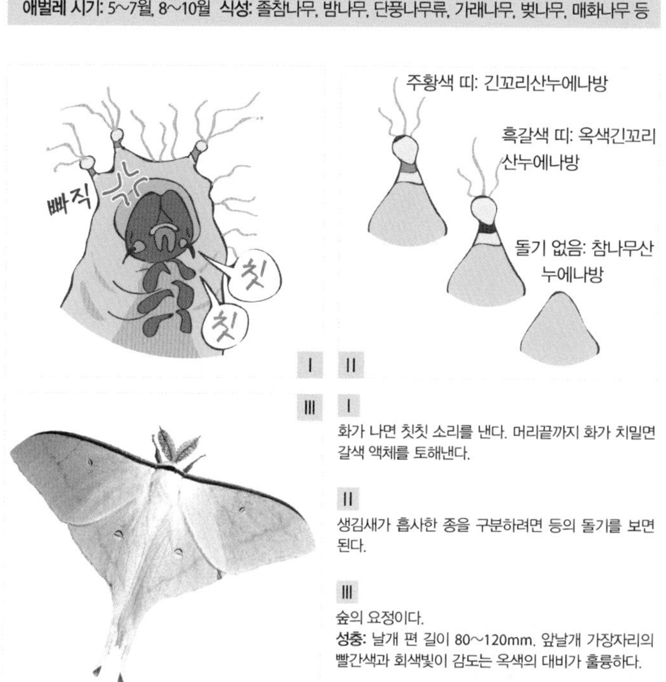

I
화가 나면 칫칫 소리를 낸다. 머리끝까지 화가 치밀면 갈색 액체를 토해낸다.

II
생김새가 흡사한 종을 구분하려면 등의 돌기를 보면 된다.

III
숲의 요정이다.
성충: 날개 편 길이 80~120mm. 앞날개 가장자리의 빨간색과 회색빛이 감도는 옥색의 대비가 훌륭하다.

인분을 버린 나방 줄녹색박각시

인분은 인간에게 불쾌감을 유발하고 나비와 나방에게는 아주 중요한 기관입니다. 방수 기능으로 날아 오르는 능력을 지속하고 태양 빛을 받아 체온을 유지합니다. 색깔에 따라서는 몸을 숨기거나 동료를 인식해 짝짓기에 나설 수 있게 만들어 줍니다. 특히 배추흰나비의 수컷에게는 암컷의 연애 감정을 자극하기 위해 향을 내뿜는 향린이라는 기관이 있습니다. 참고로 지금부터 소개할 줄녹색박각시에게는 향린이 없습니다.

줄녹색박각시의 애벌레는 치자나무라는 정원수에 붙어삽니다. 정원이나 가로수로 이용되는 나무인데, 애벌레가 활동하는 시기에는 홀딱 벗겨지고 맙니다. 애벌레는 풋사과 색깔의 길고 얇은 몸에 엉덩이에는 검은 돌기가 삐죽 튀어나와 있습니다. 언뜻 보면 페르시아의 전통 검 같은 모양새로 아주 멋있습니다.

줄녹색박각시 애벌레의 움직임은 느긋한 편입니다. 두꺼운 이파리를 잘근잘근 씹어 먹는 모습은 꽤 사랑스럽기까지 합니다. 먹고 자면서 탈피를 반복하는데, 이때마다 생김새가 조금씩 바뀝니다. 풋사과 색이 그대로 남아 있는 경우도 있지만 갑자기 어두운 갈색으로 탈바꿈하기도 합니다. 색채 변화의 신비에 대해서는 애벌레가 태어나는 초령 시기의 '개체 밀도'에 따라 결정되는 경향이 높다고 합니다. 즉 같은 종의 동료가 많으면 탈피할 때마다 어두운 갈색으로 변하는 경향이 짙으며 유유자적 혼자서 생활하는 경우에는 연두색을 유지합니다. 사사카와 팀의 연구 결과에 따르면 어두운 갈색이 되는 개체는 기본적인 섭식량이 적고 사망률이 높은 경향을 보였고, 연두색 애벌레가 본래의 생활에 잘 적응한 개체라는 결론을 지었습니다.

줄녹색박각시는 흙 속에서 번데기가 됩니다. 우화할 때는 인분을 지니고 있지만 날개가 자라면 비상할 준비를 하는데, 이때 인분이 떨어집니다. 그 결과 줄녹색박각시가 떠난 채집통은 인분 투성이의 상태가 됩니다.

줄녹색박각시 *Cephonodes hylas* 박각시과

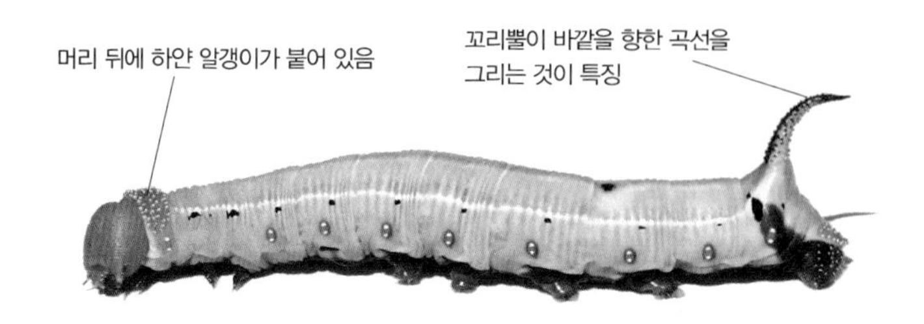

몸길이: 60~65mm
애벌레 시기: 5~10월
분포: 한국, 일본, 중국
식성: 치자나무 등의 꼭두서니과, 붉은인동 등

I

II

III

I
밝은 연두색 유형의 모습이다. 이외에 갈색에 검은 반점을 두른 개체도 있다.

II
줄녹색박각시의 알은 원형이 아닌 물방울형(부정형)이다. 주로 새싹 부분에 산란한다.

III
성충: 날개 편 길이 50~70mm. 주행성으로 공중 정지의 달인이다. 말벌처럼 날카로운 소리를 내며 난다.

위험한 향기
벌꼬리박각시

벌꼬리박각시의 성충은 대낮부터 꽃꿀에 취해 있습니다. 벌꼬리박각시는 공중 정지의 달인으로, 가벼운 날개 소리를 내면서 꽃밭을 날아다니는데 말벌로 오인되는 일도 많습니다.

애벌레는 계뇨등 등의 잡초에 붙어삽니다. 태어났을 때는 연두색의 멋진 모습을 하고 있으며 여느 박각시과와 마찬가지로 어린 나비 애벌레보다 훨씬 세련된 멋을 자랑합니다. 식사 예절 또한 감탄스러울 정도인데, 먹이를 주면 짧은 다리로 소중히 감싸 안고 깨끗하게 식사를 즐깁니다.

성장을 거듭하면서 몸 색깔이 현저하게 변화합니다. 초록색 바탕에 하얀색 줄무늬가 생겨 꽤 세련된 모습으로 거듭나고 다 자란 뒤에는 한 번 더 변화하는데 주로 녹색형과 갈색형의 두 계통으로 나뉩니다. 자연계에서 '어느 쪽이 더 많은가'라고 한다면 경험상 절반 수준이라고 말할 수 있습니다.

체형은 박각시과답게 굵고 길어서 머리 쪽으로 갈수록 급격히 오므라드는 탄환 모양이 특징입니다. 식욕이 왕성한 점은 우리에게도 도움이 됩니다. 계뇨등은 박멸이 어려운 잡초인데 벌꼬리박각시 애벌레가 생물 농약으로 활동해 주기 때문입니다. 하지만 계뇨등도 이에 질세라 무성히 자라나기에 아쉽게도 없어지지는 않습니다.

이 유익한 애벌레를 키울 때 주의해야 하는 점이 있습니다. 예전에 가스가 새는 냄새가 심하게 나서 당황하며 부엌의 가스 밸브를 잠근 적이 있습니다. 벌꼬리박각시 애벌레가 계뇨등을 먹으면 특유의 향이 나는데 여기에 커피 향이 뒤섞이면 가스 새는 냄새가 나는 것입니다. 아마 제 경험이 일본에서의 첫 발견이 아닐까 싶습니다.

벌꼬리박각시 *Macroglossum pyrrhosticta* 박각시과

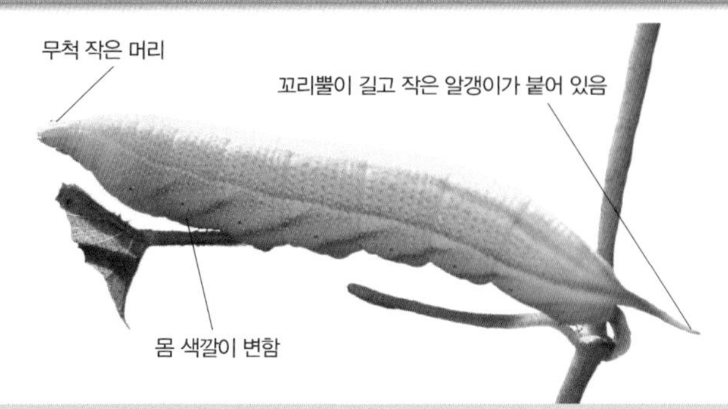

몸길이: 50~55mm
애벌레 시기: 6~10월
분포: 한국, 일본, 중국
식성: 계뇨등 등의 꼭두서니과 식물

I

II

III

I
갈색형의 다 자란 애벌레의 모습이다. 무늬가 다양하게 변해서 재미있다.

II
흙 속에서 거친 고치를 만들어 번데기화한다. 꽃꿀을 마시기 위한 입이 발달되어 있다.

III
성충: 날개 편 길이 40~50mm. 세련되고 어른스러운 분위기를 자아낸다. 주행성으로 주변에서 쉽게 발견할 수 있다.

때로는 사나운 뱀처럼 주홍박각시

깜찍한 분홍색 나방의 모습만으로도 관찰할 가치가 있지만 애벌레 시절은 더욱 대단합니다. 같은 나방이라는 생각이 들지 않을 정도로 주홍박각시의 변화무쌍한 모습을 볼 수 있기 때문입니다.

초령기에는 평범한 애벌레의 모습이지만, 탈피할 때마다 검은 꼬리를 세우거나 등에 눈알 모양 무늬를 새기는 등 박각시과다운 장식을 추가해 갑니다. 중령기에는 개체 저마다의 개성이 드러납니다. 크게 녹색형과 흑갈색형으로 나눌 수 있습니다. 다 자란 흑갈색형 애벌레는 뱀 같은 모습이며 무척 강해 보입니다. 무언가 마음에 들지 않으면 위풍당당하고 사나운 뱀 같은 모습으로 머리를 움츠리면서 등을 세워 위협합니다. 이때 손가락을 갖다 대보면 기세 좋게 머리를 좌우로 흔들어 재끼는데, 온몸이 근육으로 만들어졌는지 엄청난 박력에 놀랄 수밖에 없습니다.

박각시과 대부분은 번데기가 되기 위해 땅속으로 들어갑니다. 키울 때 미리 작은 입자의 적옥토를 구해 놓는 것이 좋습니다. 애벌레는 번데기화 직전에 몸속의 노폐물과 수분을 대량으로 배출하므로 이것을 신호로 삼아 흙을 5cm 정도 깔아 두면 좋습니다. 이때 정원의 흙도 괜찮지만 무수한 미생물이 흙 속에 있기 때문에 추천하지는 않습니다. 흙을 사는 것이 귀찮다면 휴지나 종이행주 등을 몇 장 정도 깔아두는 것도 좋습니다.

곧이어 우화를 끝낸 주홍박각시는 놀라울 정도로 아름다운 장밋빛 분홍색의 나비가 됩니다. 전투기를 연상시키는 훌륭한 모양새에 아름다운 색채를 띠고 있으니 키운 보람이 있습니다. 성충이 된 주홍박각시는 보는 사람 모두가 몹시 기뻐할 만한 예술품입니다.

주홍박각시 *Deilephila elpenor* 박각시과

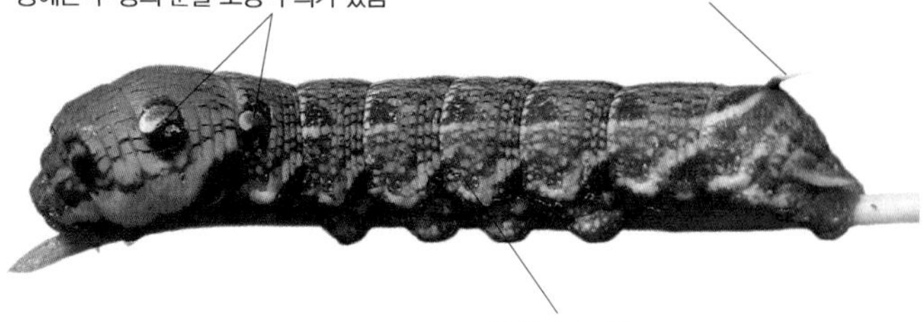

몸길이: 75~80mm **분포:** 한국, 일본, 중국 **애벌레 시기:** 4~9월
식성: 큰달맞이꽃, 봉선화, 거지덩굴 등 다수

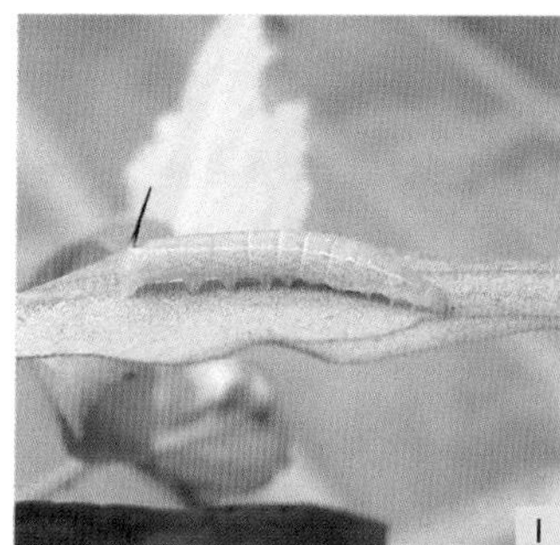
I

II

III

I
3령 애벌레의 모습이다. 투명한 연두색 몸이 아름답다. 뾰족하게 세워진 꼬리뿔의 움직임도 깜찍하다.

II
곱디고운 녹색 유형의 모습이다. 이 외에 연한 갈색 개체도 있다. 눈알 모양 무늬와 꼬리뿔로 식별이 가능하다.

III
성충: 날개 편 길이 55~65mm. 믿을 수 없을 만큼 통통 튀는 파스텔 색상으로 나방의 이미지를 완전히 뒤엎어 버리는 모습이다.

메트로놈의 질주
세줄박각시

한낮의 주택가 길거리에서 산책을 즐기는 칠흑의 애벌레가 있다면 아마도 세줄박각시일 것입니다.

초령기에는 색이 녹색이지만 탈피 후에는 여객선의 동그란 창문 같은 독특한 노란 물방울무늬가 생깁니다. 중령이 되면 개체에 따라 색상이 달라집니다. 정통파는 검은색으로 고급스러운 실크와 같은 광택이 감돕니다. 많은 인간을 공포에 몰아넣고 폭력적으로 만들기에 인간 친화적이라고 할 수는 없지만, 도회적이고 환상적인 멋이 있는 것만은 확실합니다. 또한 이 시기부터 귀여운 몸짓을 하기 시작합니다. 꿈틀거리며 걸을 때 뾰족하게 세워진 엉덩이의 안테나가 메트로놈처럼 경쾌하게 똑딱똑딱 움직입니다.

다 자랄 때 즈음 부터는 몸집이 더욱 커집니다. 물방울무늬도 커지는데, 등 무늬만 노란색이고 다른 부분은 주황색으로 변합니다. 부드러운 그라데이션의 무늬는 빛나는 것처럼 보이기도 합니다. 박력 있는 애벌레로 자라면서 산책하는 모습은 호화스러운 크루저 같기도 합니다. 조류에 대항하는 눈알 모양 무늬도 대단한 모양새로 거듭납니다.

세줄박각시 또한 흙 안에서 번데기가 됩니다. 열심히 구멍을 파고 스스로 배출하는 체액을 이용해 흙벽의 아늑한 방을 만들어 그곳에서 잠듭니다. 우화한 세줄박각시는 차분한 현대 미술 같은 줄무늬가 있습니다. 박각시과의 비상 능력은 아주 뛰어난데, 엄청난 날개 소리를 내면서 공중 정지할 수 있으며 인간이 다가오면 마치 탄환처럼 빠르고 가볍게 날아갑니다. 주목할 점은 우화한 후 날갯짓 연습을 시작했을 때의 소리입니다. 묵직한 저음이 울려 퍼지는데 살짝 신비스러운 느낌이 들어 놀랍답니다.

세줄박각시 *Theretra oldenlandiae* 박각시과

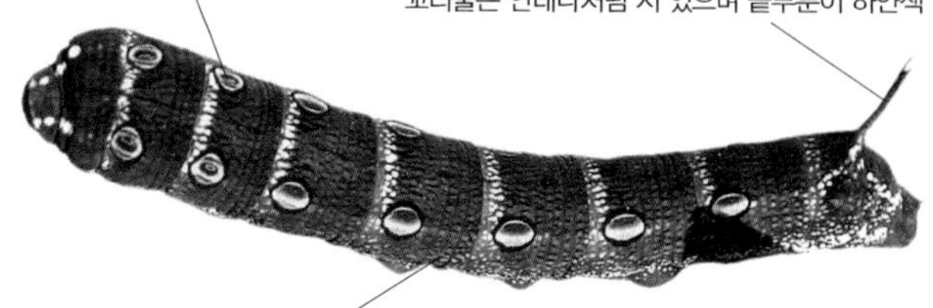

몸길이: 80~85mm	**분포:** 한국, 일본, 중국
애벌레 시기: 6~10월	**식성:** 거지덩굴, 봉선화, 토란, 고구마 등

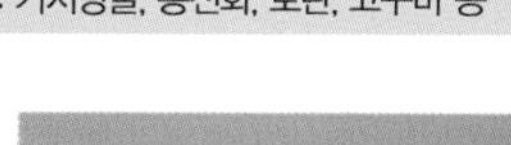

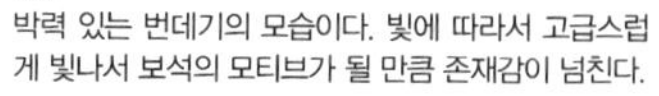

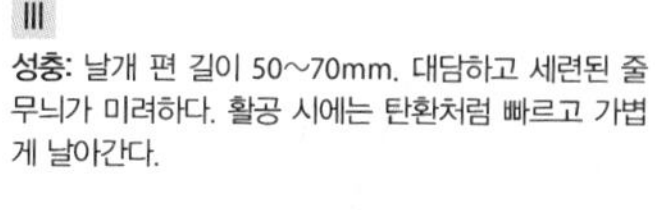

I

2령 애벌레의 모습이다. 투명한 연두색으로 꼬리뿔은 이른 시기부터 자라 검은색을 띠는데 꽤 귀엽다.

II

박력 있는 번데기의 모습이다. 빛에 따라서 고급스럽게 빛나서 보석의 모티브가 될 만큼 존재감이 넘친다.

III

성충: 날개 편 길이 50~70mm. 대담하고 세련된 줄무늬가 미려하다. 활공 시에는 탄환처럼 빠르고 가볍게 날아간다.

시각과 미각의 마술사 박각시

박각시과는 일본에서만 아종을 포함해서 약 80종이 살고 있습니다. 이름을 알아볼 때 사람들이 가장 헷갈리는 종이 박각시일 것입니다.

정원에서 나팔꽃을 키우거나 텃밭에서 고구마를 재배하면 박각시가 알을 살짝 낳고 떠납니다. 레몬색의 보석에서는 라임색의 귀여운 애벌레가 기어 나옵니다. 자그마한 몸이지만 엉덩이에는 뾰족한 꼬리가 달렸습니다. 2~3령까지는 투명한 연두색 모습을 하고 있지만 이후에는 어떻게 될지 알 수 없습니다. 3령부터 색상과 무늬 등에 개성이 드러나기 시작합니다. 탈피할 때마다 마술사의 마법처럼 엄청난 변화를 보여 줍니다. 무언가 패턴이 있을 것만 같지만 전혀 없습니다. 먹이의 차이, 개체의 밀도 혹은 지역성 등 여러 가지를 고려해봤지만 키우면 키울수록 더 미궁에 빠질 뿐입니다.

박각시 자체는 간단히 식별할 수 있습니다(오른쪽 사진 참조). 하지만 색깔이나 모양새만으로 구분하려고 하면 헷갈립니다. 표준형이라고 할 수 있는 모양새가 있기는 한지 의심스러울 정도입니다.

부수적인 장식을 배제하고 몸 색깔만 가지고 본다면 초록색, 갈색, 검은색이 많은 편입니다. 하지만 여기서 색깔의 진하기 차이가 매우 다양합니다. 그런 와중에 하얀색 애벌레가 되었을 때는 저도 모르게 제 색채감각을 의심했습니다. 박각시는 어떤 모습으로든 존재하고 키워 보지 않으면 알 수 없습니다. 사육을 하는 중에도 어떤 애벌레가 될지 상상조차 어렵습니다.

채소를 좋아해서 해충 취급을 당하기도 하지만, 아시아권에서는 애벌레와 번데기가 맛있는 식자재로 유통되고 있습니다. 즉 색채 변화뿐 아니라 식감과 풍미의 마법도 즐길 수 있는 종으로 참으로 훌륭한 벌레입니다.

박각시 *Agrius convolvuli* 박각시과

몸길이: 80~90mm	**분포:** 한국, 일본, 대만
애벌레 시기: 6~11월	**식성:** 각종 나팔꽃, 고구마, 메꽃류, 팥 등

I II

III

협력: 神奈川県立生命の星・地球博物館

I
녹색형 다 자란 애벌레의 모습이다. 색상과 무늬가 정해져 있지 않아 종을 구분하기가 어렵다.

II
백색형 다 자란 애벌레는 정말 놀랍다. 정원의 깜짝 상자 같은 존재로 어떤 색으로 자랄지 지켜보는 것도 재미있다.

III
성충: 날개 편 길이 80~105mm. 꿀을 빨기 위한 입은 몸길이보다도 길다.

등줄기가 오싹해지는 가족애
갈무늬재주나방

늦봄의 아름다운 잡목림에서 애벌레 잡기에 열중이던 당신을 놀라게 했다면 분명 갈무늬재주나방입니다. 갈무늬재주나방은 태어나고 나서 여러 형제자매와 부딪히며 자랍니다. 배가 고프면 형제 중 누군가가 맛있는 어린잎을 찾아 이동하고 남은 애벌레는 뒤이어 부리나케 따라갑니다. 어린잎이 무성한 새로운 식탁 위에는 애벌레으로 가득한데, 무게로 인해 가지 끝이 처지기까지 합니다. 애벌레는 근방의 잎을 다 먹어 치우고 기분 좋은 낮잠을 자는데, 이때도 서로의 몸을 갑갑해 보일 정도로 겹쳐서 맞댑니다. 이때 천적이 다가온다면 모두 하나로 뭉쳐서 몸을 마구 떨어서 쫓아냅니다. 쉽게 보기 힘든 광경을 보고 있으면 무시무시하다는 생각이 절로 듭니다. 이들은 이렇게 강한 가족의 연으로 이어져 이겨내거나 혹은 소수의 희생을 치르면서 조금이라도 더 많은 가족이 우화할 수 있도록 고군분투합니다.

아직 어릴 때는 어두운 갈색의 평범한 애벌레의 모습을 하고 있습니다. 그러나 중령을 지나 다 자랄 즈음에는 바라보는 것이 힘들 정도로 이들의 모습이 변합니다. 확대해서 보면 장엄하거나 격식 있는 모양새지만, 이것이 집단을 이루어서 똘똘 뭉쳐 있다면 생리적 혐오감이 등줄기를 관통하게 됩니다. 풍요로운 환경일수록 이들도 풍족해져 이곳저곳의 나뭇가지에 모여듭니다. 저도 시선을 다른 곳으로 두거나 오금이 저려옵니다. 갈무늬재주나방 애벌레가 머리 위에라도 있게 되면 기겁하게 됩니다. 당황스럽게도 아름다운 외양을 가진 녹색부전나비류와 고귀한 산누에나방류 등을 찾기 위해 졸참나무를 들여다 본다면 가장 먼저 녀석과 마주치게 될 것 입니다.

장엄함을 넘어서 두려움이 밀려드는 녀석이지만 키우기는 쉽습니다. 아름다운 가족이란 무엇인지 느끼고 싶다면 한번 키워 보는 것도 좋습니다.

갈무늬재주나방 *Phalerodonta manleyi* 재주나방과

몸길이: 약 50mm
애벌레 시기: 5~7월
분포: 한국, 일본
식성: 졸참나무, 상수리나무, 밤나무, 떡갈나무 등

I

II

III

I
이것이야말로 아름다운 가족애의 모습이다. 사진은 소수 집단에 속하는 편이다. 실제로는 이것의 5배 이상이다.

II
기름종이 같은 질감의 캡슐형 고치다. 땅으로 내려와 흙 속에 부지런히 만든다.

III
성충: 날개 편 길이 40~45mm. 북유럽의 따뜻함이 느껴지는 색채로 식별하기 쉽다. 등 위의 털이 북슬북슬한 것도 이 종의 특징이다.

가을의 벚나무 축제
먹무늬재주나방

먹무늬재주나방의 사육 환경은 아주 쾌적합니다. 달콤하고 부드러운 향기가 감돌아 저도 모르게 탄성이 터져 나오는 지경으로 마치 벚나무 향에 둘러싸인 기분이 들기도 합니다.

먹무늬재주나방의 별칭은 장미과하늘나방으로 벚나무에서 자주 발견됩니다. 산란 시기는 한여름으로 8월경에 부화한 애벌레는 사이좋게 집단생활을 합니다. 그러나 애벌레의 진홍색 몸에 듬성듬성 난 털의 색이 짙어지면 가족과 헤어져서 살게 됩니다. 애벌레가 눈에 띄기 시작하는 때는 9월부터입니다. 자홍색이 희미하게 남아 있긴 하지만 머리와 몸은 새까맣고 몸에서 자라는 긴 털은 하얀색에서 더 성장하면 레몬색으로 변해 검은 몸과 절묘한 대비를 이룹니다. 처음에는 징그러운 모충처럼 느껴지지만 이것이 익숙해지면 세련되어 보입니다. 무엇보다 이들이 풍기는 벚나무 향은 참을 수 없을 정도로 감미롭습니다.

제2장에서는 아주 맛있는 모충으로도 소개된 바 있습니다(81쪽). 모충에서 벚나무 향이 느껴질 정도인데, 벚나무 잎은 정신이 바짝 들 정도로 아주 향기롭습니다. 이것을 고상하게 음미하는 먹무늬재주나방을 키우며 관찰하다 보면 유유자적하게 흘러가는 계절을 그리워하는 감정에 휩싸이게 됩니다.

이들은 성장하면서 이파리뿐 아니라 부드러운 나뭇가지도 씹어먹습니다. 따라서 채집통 바닥에 미세한 이파리 조각과 작은 나뭇가지가 쌓이니 하루에 한 번 정도 청소는 해야 합니다.

먹무늬재주나방은 1년에 한 번 태어납니다. 늦여름에 태어난 애벌레가 땅으로 기어와 번데기가 되고 이듬해 여름 우화합니다. 나방은 식사하는 것도 잊은 채 연애와 어린이집 찾기에 몰두합니다. 이들은 벚나무와 과일나무의 해충으로 여겨지기 때문에 언제나 환영을 받습니다.

먹무늬재주나방 *Phalera flavescens* 재주나방과

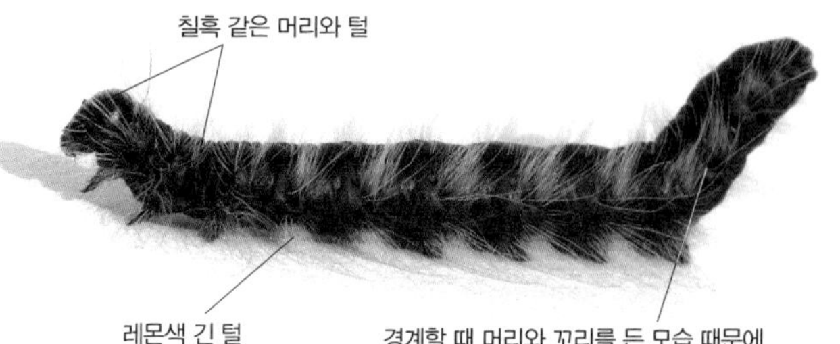

몸길이: 약 50mm	**분포:** 한국, 일본, 중국
애벌레 시기: 8~10월	**식성:** 벚나무류, 매실나무, 배나무, 사과나무, 비파나무 등

I

II

III

협력: 神奈川県立生命の星・地球博物館

I

공원의 나무나 과일나무에서 집단 발생한다. 흔한 모충처럼 보이지만 익숙해지면 아름다운 모충이다.

II

왼쪽 사진은 털이 하얗지만 시간이 지나면서 금발로 변화한다. 칠흑의 몸 색깔과 조화를 이루면서 아주 고급스럽다.

III

성충: 날개 편 길이 45~59mm. 부드러운 분위기를 풍기는 예쁜 나방이다. 날개를 접었을 때의 암갈색 무늬가 핼러윈의 유령 얼굴을 떠올리게 한다.

천하제일의 대도적 거염벌레 친구들

거염벌레의 별칭은 야도충[37]으로 정원 가꾸기를 사랑하는 인간에게서 식물을 훔쳐 가는 일을 생업으로 두고 있습니다. 비슷한 녀석들로는 도둑나방, 담배거세미나방, 까마귀밤나방 등이 있습니다.

도둑나방으로도 불리는 거염벌레는 검은색과 갈색을 모자이크로 장식한 듯한 복잡한 색깔을 띱니다. 색채 변이가 두드러져서 초록색이나 옅은 색의 개체도 있습니다. 이파리 위에 거염벌레가 있다면 발견하는 것이 쉽습니다. 그러나 인간의 기척이 느껴지면 이들은 눈에 띄지 않기 위해 안간힘을 쓰다가 잎사귀 끄트머리에서 몸을 던지고야 맙니다. 문제는 이 이후로 발견하기가 어렵다는 점입니다. 인간이 눈에 불을 켜고 이들을 찾고 있을 때 이들은 흙으로 쏙 들어가버립니다. 너무 영리한 모습에 알미울 지경입니다.

이들은 별칭이 야도충인만큼 어둠을 틈타서 활동합니다. 그렇다면 낮에는 무엇을 할지 궁금증이 생깁니다. 보통 흙속에서 생활한다고 알려져 있지만 정원을 잘 아는 원예가는 녀석이 언제나 허기짐을 호소하며 낮에도 음식을 훔쳐먹는다는 것을 알고 있습니다. 녀석을 포획할 때는 한 손으로 집거나 그것이 싫다면 쓰레받기 등을 잎 아래에 두고 땅에 떨어질 때 받아내야 합니다.

저는 호기심 때문에 녀석을 키우곤 했습니다. 그런데 정말 무엇이든 잘 먹습니다. 중간에 먹이를 바꿔도 무방하고 다른 애벌레는 잘 먹지 않는 라벤더 등을 줘도 떨떠름해 하면서 일단 입에 넣어 우화까지 마칩니다. 참으로 대단한 녀석입니다.

거염벌레는 크기와 형태의 균형이 잘 잡혔습니다. 활동량도 좋아서 특별한 관리를 해 주지 않아도 알아서 잘 자랍니다. 다만 굳이 사육하려 하지 않아도 알아서 찾아오기 때문에 오히려 내쫓기가 더 어렵다는 단점이 있습니다.

---

37 夜盜蟲: 밤나방의 어린 벌레. 농작물을 해침

도둑나방 *Mamestra brassicae* 밤나방과

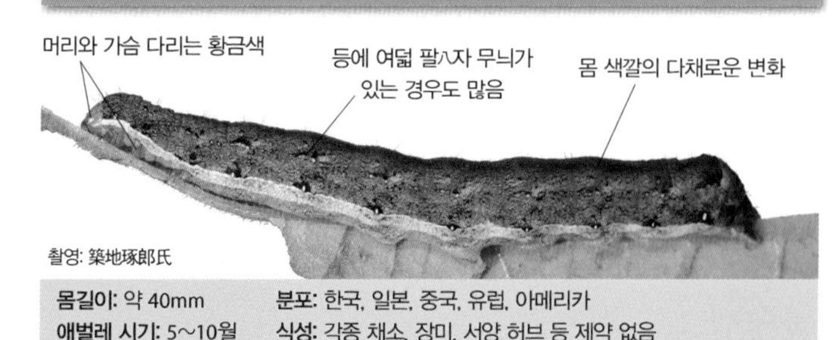

촬영: 築地琢郎氏

몸길이: 약 40mm
애벌레 시기: 5~10월
분포: 한국, 일본, 중국, 유럽, 아메리카
식성: 각종 채소, 장미, 서양 허브 등 제약 없음

담배거세미나방 *Spodoptera litura* 밤나방과

가장 큰 특징은
커다란 검은 반점
삼각형 혹은 반원형의 검은 무늬[38]
(없어지는 개체도 있음)
몸 색깔의
다채로운 변화
머리는 연한 갈색

몸길이: 35~40mm
애벌레 시기: 5~10월
분포: 한국, 일본 등 아열대 및 열대 지역
식성: 대두, 토란에서 대량 발생, 채소, 각종 원예종

까마귀밤나방 *Amphipyra livida* 밤나방과

머리는 라임색
하얀 가로줄이
아름다운 거염벌레
꼬리가 볼록 올라와 있음

몸길이: 약 40mm
애벌레 시기: 5~6월
분포: 한국, 일본, 중국, 시베리아
식성: 장미를 가장 좋아하며 산벚나무, 민들레 등의 각종 들풀

---

38 등의 검은 반점은 반드시 남아 있음

정원의 벌목꾼 거세미나방

거염벌레의 수법도 상당하지만 거세미나방의 수법은 정교하고 예술적입니다. 한번 이들의 표적이 된 식물은 살아남을 수 없습니다. 이 정도라면 도둑질이 아닌 약탈에 가깝습니다. 생김새와 크기는 흑갈색형 도둑나방과 흡사합니다. 굳이 차이점을 꼽자면 색깔이 조금 더 옅고 몸 표면이 매끈하면서 광택이 납니다.

인간이 단란하게 저녁 식사를 즐길 때 녀석은 땅속에서 기어 나와 그날 밤의 먹이를 물색하기 시작합니다. 골치 아프게도 녀석은 뛰어난 토목 기술을 보유하고 있습니다. 먹음직스러운 채소와 원예 식물 묘목을 목표로 정한 뒤 식사를 겸해서 아래쪽 줄기를 갉아 먹습니다. 줄기를 쓰러뜨리는 데 성공한 다음에는 땅을 파서 먹이를 입에 물고 땅속으로 끌고 들어갑니다. 천적의 레이더망에서 감쪽같이 사라진 뒤, 좁지만 풍족한 집에 돌아가 뻔뻔하게 식사를 즐기는 대담함을 선보입니다. 이들은 식량을 저장해서 먹기 때문에 사육할 때 휴지 몇 장을 깔아두면 이 비밀스러운 기술을 볼 수 있습니다.

다음 날 아침 우리는 갓 심은 소중한 묘목이 보기 좋게 잘려 나가 있는 광경을 보게 됩니다. 이렇게까지 당해 버리면 묘종을 다시 살리는 것은 불가능합니다. 우리 정원에 얼토당토않은 나무꾼이 들어온 것입니다.

이에 맞서기 위해서는 잘려 나간 줄기 부근을 원을 그리듯 가볍게 손으로 파 봅시다. 통통하게 살이 오른 애벌레가 동그랗게 몸을 만 상태로 발굴될 것입니다. 유감스럽게도 반드시 나타나리란 법은 없지만 세 번에 한 번 정도는 적중합니다. 그러나 모종은 다시 살아나질 않습니다.

거세미나방을 키우고 싶다면 여러분이 좋아하는 채소를 몇 가지 심어 놓으면 됩니다. 서로의 취향은 맞아떨어질 것이며 녀석은 우리가 분명 잘 맞을 것이라고 생각하고 있을 겁니다. 인간처럼 취향이 맞지 않아 결별하는 경우는 생기지 않습니다.

거세미나방 *Agrotis segetum* 밤나방과

머리는 짙은 갈색

등 가운데의 선이 눈에 띔

검은 반점 무늬

몸 색깔은 대부분 회색이며
광택감 있는 피부가 특징

몸길이: 약 40mm
애벌레 시기: 1년(애벌레 월동)
분포: 한국, 일본
식성: 각종 채소, 딸기류, 벼, 원예종 등 다수

I

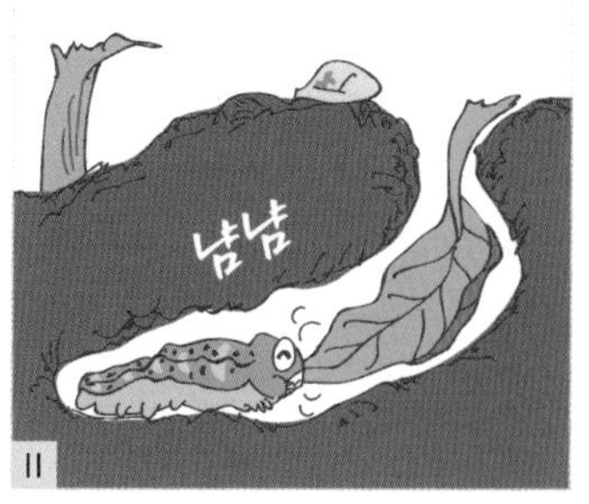

II

III

I

우선은 식사를 겸한 벌채 작업에 돌입한다. 뿌리 가까이에서 잘린 채소는 말라 죽는다.

II

수확한 먹이는 지하에 있는 집으로 운반한다. 사육장에서는 휴지 사이에 숨겨 놓고 먹기도 한다.

III

성충: 날개 편 길이 37~45mm. 흉악범이지만 너무 평범해서 기억에 남지 않는다. 이것까지 계산된 것이라면 정말 치밀하고 무서운 생물이다.

맹독 중독 환자
왕담배나방

조물주는 도둑나방과 거세미나방 그리고 왕담배나방을 무척 아끼는 것 같습니다. 그렇지 않다면 설명할 수 없는 일들이 너무 많습니다. 왕담배나방 애벌레는 대단히 용감한 벌레로 맹독인 담배를 깡그리 먹어 치울 수 있습니다. 인간조차도 담배를 연속으로 세 개비 태우는 것은 힘든 일인데 녀석은 게걸스럽게 먹어 치우는 기적을 보여줍니다. 이뿐만이 아니라 채소, 들풀, 화초 등, 이들이 먹을 수 있는 식물 이름을 하나씩 나열하는 것이 불가능할 정도로 모두 먹어 치웁니다.

이들의 생김새는 시원찮은 편입니다. 한눈에도 무언가 계략을 꾸밀 것 같은 벌레라는 느낌이 들지만, 깨달았을 때는 이미 막대한 피해를 보고 난 뒤의 일입니다. 어미 나방은 정성스레 하나씩 알을 분산해서 낳습니다. 산란한 알의 총 개수는 평균적으로 200~300개로 어디에 얼마나 발생할지 전혀 예측이 불가능합니다. 다만 비가 덜 내릴 때 대량으로 발생한다고 합니다.

색깔이 거무스름한 것부터 갈색, 연두색까지 다양하지만 가로 줄무늬에 검은깨 같은 돌기가 나 있어서 이 녀석이 아닐까 싶을 때는 분명 틀림없이 정답입니다. 녀석의 유일한 장점을 꼽자면, 채집과 사육이 엄청나게 수월하다는 점입니다. 식물이 자라는 곳이라면 어디에나 득실거리고 있습니다. 먹이 또한 채소 찌꺼기만 주어도 건강히 잘 자랍니다.

일본에서 이름을 알리게 된 것은 1994년 서일본에 대량 발생하면서입니다. 이후로 전국 각지에서 식물을 먹어 치우고 있습니다. 게다가 북미 대륙을 제외한 전 세계의 밭과 정원에서 어지간히 민폐를 끼치고 있습니다.

5월 즈음부터 눈에 띄기 시작하는데, 매달 애벌레가 태어납니다. 효과적인 살충제가 한정되어 있을 때 가장 유효한 대응책은 원예가의 손가락이나 젓가락 공격이 아닐까 싶습니다. 이들의 끈질긴 생명력을 알게될수록 조물주의 의도를 헤아릴 수 없어 의문스럽기만 합니다.

왕담배나방[39] *Helicoverpa armigera* 밤나방과

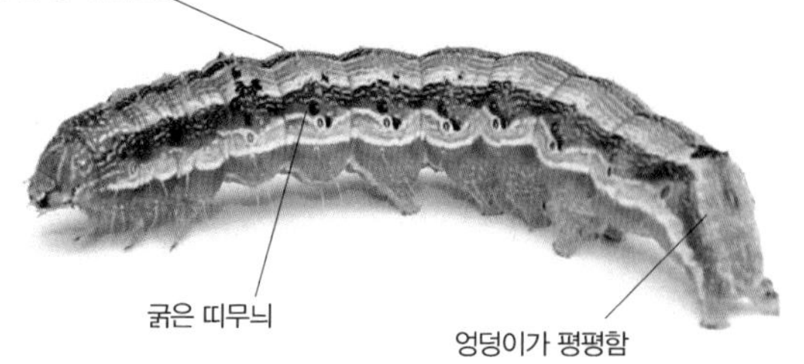

몸길이: 30~35mm
애벌레 시기: 6~11월
분포: 한국, 일본, 대만, 중국
식성: 각종 채소, 원예 식물

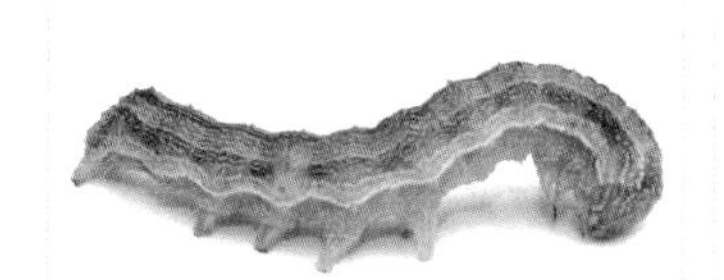

I

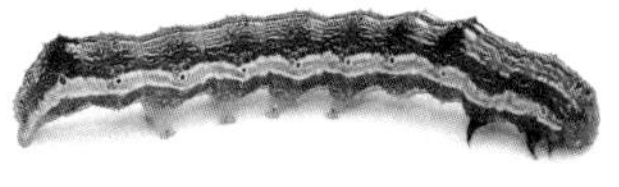

II

III

I

황록색형 개체의 모습이다. 굵은 띠무늬가 옅어 보이지만, 전체적인 특징은 유지하고 있다.

II

짙은 갈색형의 모습이다. 색채가 조화롭다. 변이가 많아 촬영하여 기록하는 것이 즐겁다.

III

성충: 날개 편 길이 35mm. 나무 무늬의 수수한 아름다움이 느껴진다. 유사한 종이 많다. 눈은 연두색으로 낮에 정원이나 밭에 있다면 왕담배나방일지도 모른다.

39 몸 색깔, 띠무늬, 반점 등은 변이가 심함

독극물 제거 식사법
밤나방 친구들

해충이라 불리며 사회에서 규탄당하는 일이 명예로운 것은 아니지만 그렇게 불리기까지는 확실한 실력이 필요합니다. 이들은 볼품은 없지만 대단한 지혜와 기술을 가지고 있답니다.

땅딸막한 자벌레처럼 움직이는 오이금무늬밤나방 애벌레는 멜론색 소다에 바닐라 아이스크림을 섞은 듯한 색깔을 하고 있으며, 울퉁불퉁한 돌기가 나 있습니다. 단호박, 오이, 멜론 등의 박과 채소를 키운다면 오이금무늬밤나방을 키우기 시작한 것이나 다름이 없습니다.

이들은 선조 때부터 이어져 오는 식사법을 지키고 있습니다. 예를 들면 단호박 잎을 먹을 때 미리 잎 일부를 반원 모양으로 갉아 놓는데, 이것은 참호를 파는 듯한 모양새라고 해서 '트렌치 행동'이라고 부릅니다. 먹히는 것을 감지한 단호박은 곧바로 쿠쿠르비타신 등의 식욕을 감퇴시키는 섭식 장애 물질을 상처 부위에 생성해 냅니다. 잎이 상처를 감지하고부터 20~40분 내로 이 물질을 만들어 내는데, 오이금무늬방나방 애벌레는 이것을 방지하기 위해 미리 참호를 파서 안전한 참호 안쪽 이파리만을 유유자적하게 즐깁니다. 이러한 방법은 다른 종도 이용하고 있는데, 언제 무엇을 계기로 이러한 전통이 생겼는지는 상상조차 가지 않습니다.

밤나방과에는 여럿의 친구가 있는데, 국화금무늬밤나방 또한 먹이를 가리지 않아 원예가의 기피 대상입니다. 에메랄드색 몸에 검은깨를 뿌린 듯한 무늬가 있으며 무엇보다 얼굴을 보면 특징이 확실합니다. 관자놀이에서 뺨에 걸쳐 새까만 볼 터치로 화장을 한 듯한 생김새는 누가 보아도 고약한 얼굴을 하고 있습니다.

국화금무늬밤나방의 성충은 몇 센티미터도 되지 않는 작은 나방입니다. 등에는 독특한 돌기가 나 있고, 날개는 지붕처럼 접히며 일부분에는 금속광택이 감돕니다. 이렇게 은근한 멋을 즐기며 이 종을 모으는 사람도 있다고 하니 대단한 일입니다.

오이금무늬밤나방 *Anadevidia peponis* 밤나방과

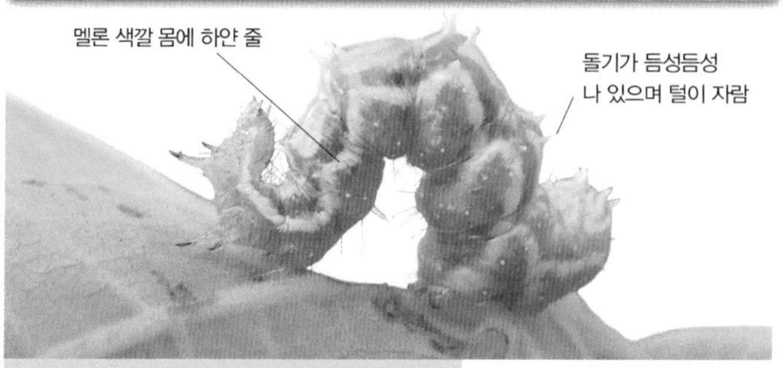

몸길이: 약 40mm **분포:** 한국, 일본
애벌레 시기: 6~10월
식성: 단호박, 수세미, 오이, 쥐참외 등의 박과 식물 등 다수

성충: 날개 편 길이 약 40mm

협력: 奈川県立生命の星・地球博物館

국화금무늬밤나방 *Thysanoplusia intermixta* 밤나방과

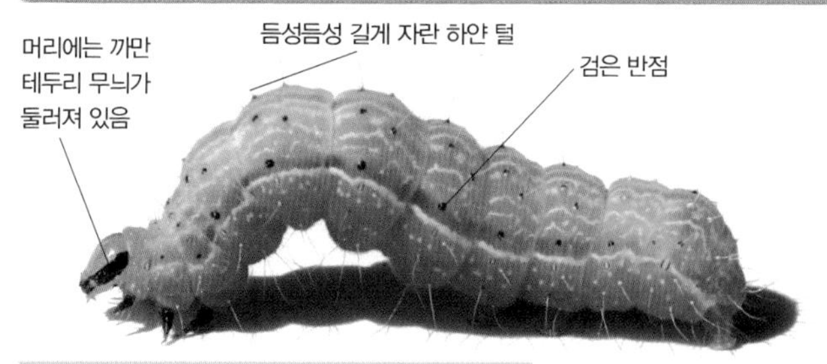

몸길이: 약 40mm **분포:** 한국, 일본, 대만, 중국
애벌레 시기: 6~11월
식성: 미나리, 당근, 딸기, 우엉, 국화, 민들레, 봄망초 등 다수

성충: 날개 편 길이 38~42mm

협력: 奈川県立生命の星・地球博物館

나무 위의 정신의학자 재주나방

괴상함에 있어서는 없는 게 재주나방입니다. 이름처럼 재주를 부리는 듯한 모양새를 하고 있는데 보는 사람의 문화적 배경에 따라 다양한 모습으로 보인다고 합니다.

재주나방의 이런 자세는 위협 하기 위한 것이라고 문헌에 적혀 있기도 한데, 사실상 휴식을 취할 때도 이런 느낌입니다. 재주나방을 처음 봤을 때의 충격은 글로 표현하기 어려울 정도입니다. 그중에서도 꽃무늬재주나방은 다양한 수목에 서식하기 때문에 주택가에서도 발견할 수 있지만 잡목림이나 공원 녹지에서 만나는 일도 많습니다. 어미 나비는 알을 하나씩 낳으므로 개체 밀도는 낮은 편입니다.

가족을 설득하는 것이 어려울 뿐 오히려 사육하기는 쉽습니다. 스위스의 화가 H.R. 기거의 세계관에 대한 이해도가 있다면 설득하기가 좀 더 편하겠지만 너무나도 기괴한 모습이 일반인에게 받아들여지기란 쉽지 않습니다. 특히 세 쌍의 가슴다리는 무척 신기합니다. 앞다리는 짧고 중간 다리는 엄청나게 길며 뒷다리는 그다음으로 깁니다. 무슨 역할을 하는 걸까 하는 생각이 드는데, 관찰하면서 느낀 점은 쓸모없다는 것입니다. 보행과는 관련이 없는 것 같고 먹이를 먹을 때도 앞다리만으로 충분합니다. 일단 모든 다리로 잎을 감싸고 있기는 하지만, 중간 다리와 뒷다리가 너무 긴 탓에 잎에 겨우 닿는 정도입니다. 실용성이 아주 떨어지는 것입니다. 개인적인 생각을 덧붙인다면 천적과 만났을 때 긴 가슴다리로 상대의 코나 눈을 찌르거나 접촉해서 놀라게 하는 일이 있을지도 모릅니다.

재주나방 애벌레의 엉덩이에는 한 쌍의 돌기가 자라나 있는데, 뒷모습을 보면 쏙하고 눈알을 내민 게처럼 보입니다. 그래서 랍스터 모스라고 불리기도 합니다. 로르샤흐 검사 그림과 똑 닮은 모습이기도 합니다.

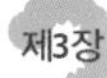

재주나방 *Stauropus fagi* 재주나방과

촬영: 佐伯真二郎氏

몸길이: 40~50mm **분포:** 한국, 일본 중국 **애벌레 시기:** 1년
식성: 육식성(상수리나무나 졸참나무 등의 수액을 먹으려고 모인 생물을 포식)

촬영: 佐伯真二郎氏

I

II

III

협력: 神奈川県立生命の星・地球博物館

I

다 자란 애벌레의 위협 자세다. 한계까지 몸을 젖혀 기다란 중간 다리와 뒷다리를 벌리고 파르르 떤다.

II

꽃무늬재주나방 애벌레의 모습이다. 식별 가능한 사람이 매우 적다. 화살표 부분에 암갈색 반점이 있고 몸이 전체적으로 거무스름한 것이 특징이다.

III

성충: 날개 편 길이 50~65mm. 애벌레 시절의 기괴한 외관에 비하면 힘이 빠질 정도로 평범한 모습이다. 등과 날개가 이어지는 부분에 길고 하얀 털이 뭉쳐서 나 있다.

독나비의 유라시아 항로
왕나비

하늘의 여행자로 유명한 왕나비는 2011년 무려 83일 동안 일본 와카야마현에서 홍콩까지 추정 거리 2,500km를 비행한 기록이 있습니다. 날개에 표식을 해 놓고 이들의 행동을 알아보는 방식이 인기를 끌면서 '왕나비 이동 조사넷'이라는 사이트가 만들어지기도 했습니다. 오랜 시간 비행이 가능한 이유는 왕나비 성충이 더위에 몹시 약하기 때문입니다. 더운 여름에는 피서지가 되는 북쪽으로 향하고, 쌀쌀한 계절에는 쾌적한 남쪽으로 돌아오기 때문입니다. 참으로 부러운 바캉스 인생을 즐길 수 있는 나비의 비결은 애벌레 시절의 생활에 답이 있습니다.

성충이 이곳저곳을 돌아다니니 애벌레도 각지에서 발견됩니다. 생김새는 애벌레보다는 남쪽 나라의 해양 생물 같이 생겼습니다. 마치 산호초에서 놀고 있는 화려한 바다소 같습니다. 머리와 엉덩이에는 촉각 같은 돌기가 나 있고 검정, 하양, 노랑의 화려한 경고 표식 같은 무늬는 오싹한 느낌을 주어서 새나 도마뱀이 아니라도 식욕이 돋기가 어렵습니다. 실제로 왕나비 애벌레는 독극물 저장고입니다. 이들의 먹이인 박주가리과에는 유독 성분인 알칼로이드류가 포함되어 있는데, 이 애벌레는 식초를 섭취하고 독을 몸속에 저장해 둡니다.

왕나비 애벌레는 잎 아래에 숨어 생활하기 때문에 눈에 잘 띄지는 않지만, 잎 중앙을 후벼 파듯 먹는 습성이 있어서 존재가 들통나곤 합니다. 또 하나 재밌는 습성이 있는데, 자기 주변에 동그랗게 홈을 파고 난 뒤에 그 안쪽 잎만 먹습니다. 이는 앞에서 말한 트렌치 행동이라는 것으로 식물의 긴급 방어 물질인 섭식 장애 물질을 조금이라도 피하려는 꿍꿍이입니다. 즉 박주가리과는 그만큼 만만치 않은 독초이지만 왕나비 애벌레는 더 영리하게 영양소를 섭취합니다. 그렇게 왕나비 애벌레는 독성 물질을 저장하고 강한 독나비가 되어 장대한 이동 생활을 즐길 수 있게 됩니다.

왕나비 *Parantica sita niphonica*[40] 왕나비과

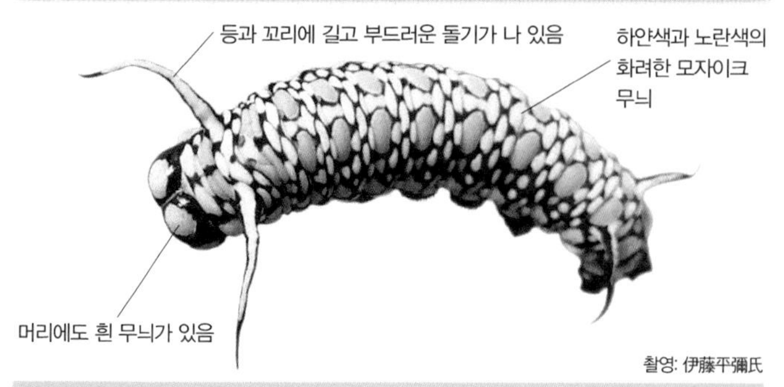

촬영: 伊藤平彌氏

몸길이: 37~41mm	**분포:** 일본 홋카이도~난세이 제도
애벌레 시기: 1년(애벌레 월동)	**식성:** 나도은조롱, 넓은잎큰조롱, 왜박주가리, 옥접매 등

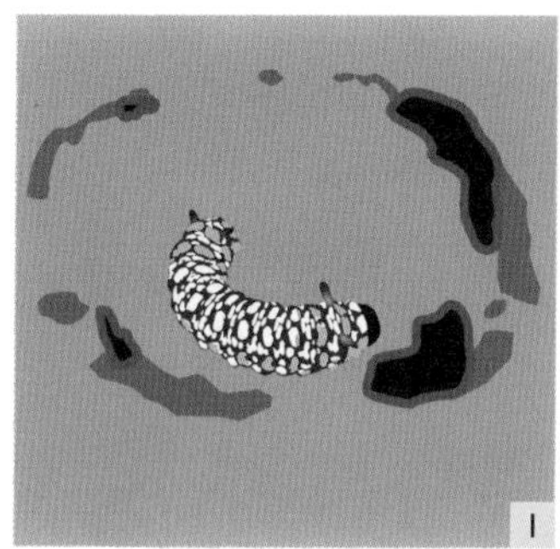

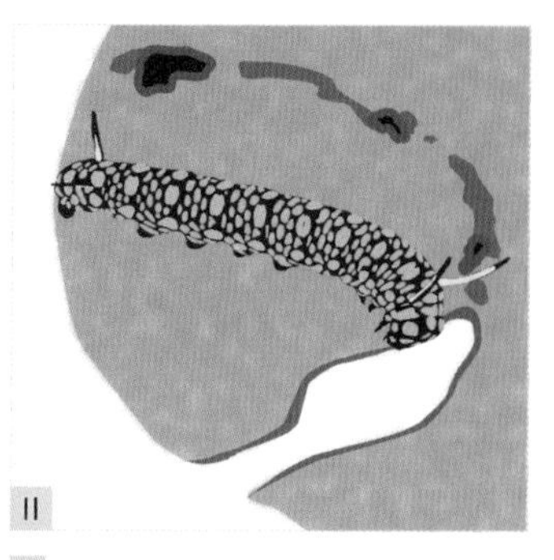

I
초령기에서 중령기는 잎을 동그랗게 갉아 놓은 뒤 식사를 시작한다. 잎에 동그란 구멍이 남아서 발견하기 쉽다.

II
다 자랐을 때 즈음에는 입의 가장자리부터 먹는다. 동그랗게 갉아 놓고 먹는 식사법을 지키는 부분이 재미있다.

III
성충: 날개 편 길이 약 100mm. 그림자 같은 생김새에 투명하고 옅은 푸른빛을 띠는 대형 독나비다. 2,000km 이상의 장거리 여행에 살아남는 쾌거를 이룬다.

---

40 학명 Parantica sita의 학명 이명

고민이 깊어지는 남쪽 나라의 호랑나비 멤논제비나비

멤논제비나비 애벌레는 일본산 나비 가운데 남다른 크기를 자랑하지만 남방제비나비나 무늬박이제비나비 애벌레와 비교하면 약간 더 큰 정도입니다.

초령기의 애벌레는 녹색을 띠고 있는데, 하얀 반점이 눈에 띕니다. 중령기에는 제비나비 애벌레와 똑같이 생겨서 착각하기 쉽습니다. 다 자랐을 즘에는 제비나비가 아니라는 것을 알 수 있지만 다른 종과도 비슷하게 생겨서 여전히 고민이 많습니다. 다만 복부에 있는 V자 무늬의 대각선 띠가 이상하리만큼 하얘서 대충 짐작할 수는 있습니다.

그도 그럴 것이 이 나비는 1920년대까지 규슈와 시코쿠 남부에서만 볼 수 있는 꿈의 나비로 1983년에는 긴키 지방으로 진출했으며, 1997년에는 시즈오카현까지 올라왔습니다. 이때부터 가속도를 붙여서 2000년에는 가나가와, 도쿄, 2011년에는 기타간토(이바라키, 도치기) 등에서도 애벌레를 발견할 수 있게 되었습니다. 후쿠시마에서도 관측된 사례가 있지만, 성충만 해당됩니다.

제가 활동하는 지역에서는 2011년에 성충과 애벌레를 처음 발견했는데, 다리에 힘이 풀릴 정도로 놀랐습니다. 남쪽 지방의 나비가 살아가는 모습은 죽을 때까지 관찰할 일이 없다고 생각했기 때문입니다. 하지만 그렇다고 두 손을 들고 반기기에는 마음속이 복잡해졌습니다.

2001년 기타하라 팀의 연구와 해석에 따르면 지구 온난화와 밀접한 연관이 있다는 사실을 시사하고 있는데, 주식인 운향과 식물의 확대도 중요한 요소가 되었다고 합니다. 제가 활동하는 지역에서도 늦가을에 유자나무 잎에서 단잠을 자는 모습을 봤습니다. 아마 멤논제비나비는 앞으로 더 화제를 불러 모을 것 같습니다.

멤논제비나비 *Papilio memnon thunbergii*[41] 호랑나비과

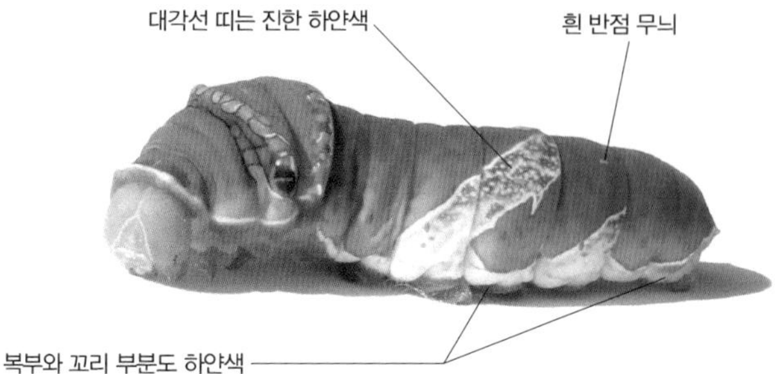

몸길이: 약 70mm
애벌레 시기: 5~10월
분포: 일본 기타간토~난세이 제도
식성: 유자나무 등의 운향과, 탱자나무

멤논제비나비형(4형)

제비나비(4형)

I

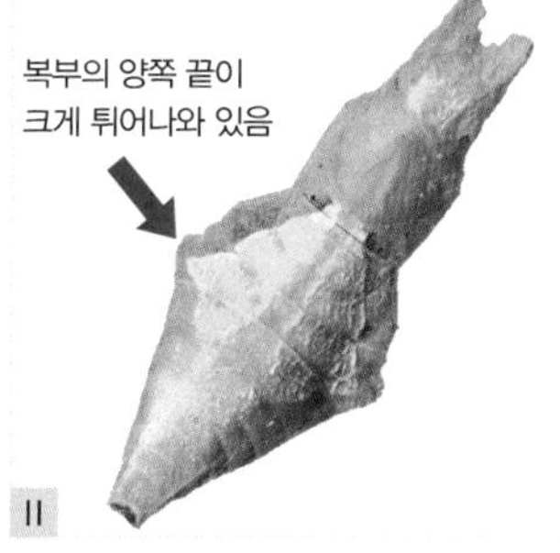

II

III

협력: 神奈川県立生命の星・地球博物館

I

4령 애벌레의 모습이다. 제비나비 애벌레와 똑 닮았다. 꼬리 부분의 하얀 반점의 크기로 구분이 가능하다. 진한 녹색으로 광택이 있어서 요염하고 아름답다.

II

번데기의 모습이다. 옆에서 보면 '홑화살괄호(〈〉)' 모양으로 튀어나와 있는 것이 특징적이다. 몸집도 커서 박력이 넘쳐 멋있다.

III

성충: 날개 편 길이 110~140mm. 초대형 검은 호랑나비다. 날개의 줄무늬가 눈에 띈다. 뒷날개에는 꼬리 모양의 돌기가 없다.

41 일본에 분포하는 멤논제비나비의 아종

환상의 특별천연기념물 도손청띠제비나비

도손청띠제비나비는 취급주의가 필요한 진귀한 종으로 채집이 불가능한 지역도 있습니다. 성충은 청띠제비나비(86쪽)와 비슷하고 애벌레는 더욱 비슷한 모습을 하고 있지만 취급 방식만큼은 다릅니다.

도손청띠제비나비는 주로 동남아시아 지역에 서식하는 종으로, 그중에 일부가 북상해 일본에도 서식하게 됐습니다. 과거의 서식지 중에서 고치현이 가장 북쪽에 있었는데, 그 희소성과 아름다움에 고치시의 서식지에 있던 도손청띠제비나비는 1952년에 일본의 국가특별천연기념물로 지정되었습니다. 특별천연기념물은 천연기념물 중에서도 특히 중요하다고 여겨지는 것으로, 이리오모테살쾡이나 아마미검은멧토끼와 어깨를 나란히 하는 영예를 누리고 있으니 대단한 일입니다.

도손청띠제비나비를 완전히 사육할 수 없는 것은 아닙니다. 고치시의 서식지가 아닌 지역에서는 채집이 가능합니다. 다만 독자적으로 보호하는 지역도 있으므로 주의가 필요합니다. 나비는 꾸준히 북상을 계속하고 있으며, 최근에는 기이반도와 아이치현 일부에까지 영역을 확대하고 있습니다.

청띠제비나비의 애벌레와 똑같이 생겼다고 설명했지만 의외로 구분하는 법은 매우 쉽습니다. 서식지(먹이)가 완전히 다르기 때문이지요. 도손청띠제비나비의 애벌레는 초령목과 태산목에서 자랍니다. 초령목이라는 나무는 많이 들어 본 이름이 아님에도 신성한 나무로 여겨져 일본의 신사 경내에 심어 있곤 합니다. 간토 지방에도 자생하고 있어서 조금 더 북상해 주기를 기다리고 있습니다. 반대로 청띠제비나비는 도손청띠제비나비와 매우 닮았음에도 불구하고 개체 수가 많은 관계로 청띠제비나비는 보호받지 못하고 있습니다.

도손청띠제비나비 *Graphium doson albidum* 호랑나비과

촬영: 上山智嗣氏

몸길이: 약 45mm	**분포:** 아이치현 이서~난세이 제도
애벌레 시기: 5~10월	**식성:** 초령목, 대만초령목, 태산목 등

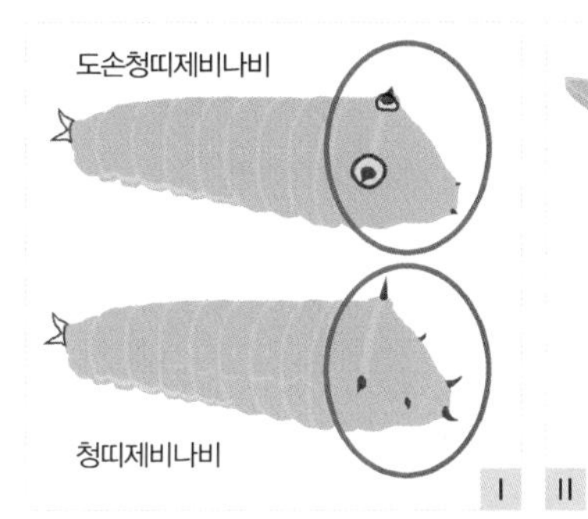

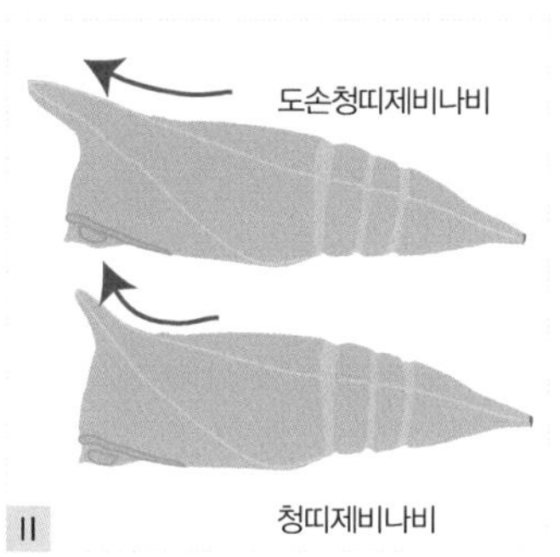

I II

협력: 神奈川県立生命の星・地球博物館

III

I

청띠제비나비와 똑같이 생겼지만 등에 난 뿔로 식별할 수 있다. 게다가 식성이 완전히 달라서 구별이 쉽다.

II

번데기도 굽어진 정도로 식별이 가능하다. 도손청띠제비나비는 머리를 나무줄기를 향해 번데기화하는데 청띠제비나비는 반대로 잎사귀 끝을 향한다.

III

성충: 날개 편 길이 55~90mm. 화려한 무늬가 마음을 요동치게 한다. 하얀 반점 부분은 파랗게 빛난다. 지역이나 계절에 따라 발색이 다르기 때문에 여행지의 즐거움이 되기도 한다.

외래종의 폭발적인 대번영
꼬리명주나비

꼬리명주나비는 아주 특수한 나비입니다. 일본에서 처음 발견된 것은 1978년 도쿄도 히노시에서입니다. 이후 도호쿠에서 규슈에 걸쳐 국소적으로 발생하고 있는 것이 밝혀져 매년 세력이 확장되고 있습니다.

꼬리명주나비가 늘어나게 된 계기는 한반도 근방에서 서식하던 종이 인위적으로 들어오면서부터 입니다. 2013년에는 갑자기 집에서도 대량 발생한 바 있습니다. 본 적도 없는 칠흑의 애벌레를 마주하고 눈이 잔뜩 커졌는데, 곧바로 꼬리명주나비의 애벌레라는 것을 알 정도로 개성적인 모양새를 하고 있습니다. 꼬리명주나비는 주로 쥐방울덩굴을 먹는데, 이 풀은 인간과 조류에게 유해한 독성을 지니고 있습니다. 꼬리명주나비의 애벌레는 사향제비나비(88쪽)와 똑같이 쥐방울덩굴을 맛있게도 먹는 악취미를 가졌습니다.

꼬리명주나비의 모습은 온몸이 새까맣고 바다의 무척추동물과도 같은 모습입니다. 머리 뒤에서부터 삐죽 튀어나온 긴 돌기가 무척 눈에 띄는데, 아주 부드럽고 움직일 때마다 하늘거리며 움직입니다. 우아한 분위기를 풍기는 것이 관찰하는 재미가 있습니다.

호랑나비과지만 애벌레는 25~30mm 정도로 무척 작습니다. 반면에 번식력은 폭발적으로 먹이에 수십 개의 알이 다닥다닥 붙어 있고, 사향제비나비처럼 기생충이 번식하는 일도 적습니다. 게다가 한 해에 3~4세대나 발생합니다. 인위적으로 확산한 종이기에 지역에 따라서는 무차별적으로 구제당하기도 합니다. 다른 지역에서는 오히려 소중히 보호하자는 움직임도 있어서 인간 사회를 혼란 속으로 밀어 넣고 있습니다.

우화한 나비는 자그마한 호랑나비로, 뒷날개에 있는 꼬리(꼬리 모양 돌기)가 깃발처럼 길게 늘어져 있습니다. 날라다니는 방식도 독특한데, 나풀나풀 비상을 시작하고는 날개를 편 채로 글라이더처럼 활공해 산들바람을 즐깁니다. 꼬리명주나비의 무늬는 평범하지만 공중에서의 움직임이 아주 우아하게 느껴집니다.

꼬리명주나비 *Sericinus montela* 호랑나비과

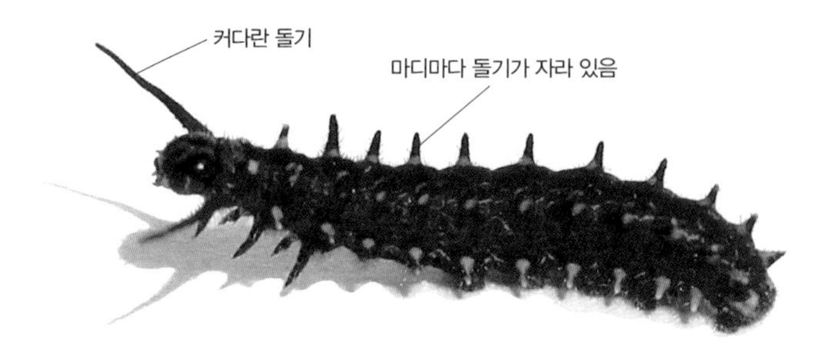

몸길이: 약 30mm　　**분포:** 한국, 중국, 일본 미야기현~후쿠오카현(국소적)
애벌레 시기: 5~10월　　**식성:** 쥐방울덩굴, 쥐방울 등

I
알 덩어리다. 수십 개의 알을 한곳에 모아 낳기 때문에 개체 밀도가 무척 높아진다.

II
번데기의 모습이다. 실제로는 25mm 정도로 작다. 잎 아래나 벽면 등에서 번데기화한다.

III
성충: 날개 편 길이 약 57mm. 아주 작은 호랑나비다. 날개를 펴고 유유자적하게 허공을 떠다니는 모습이 인상적이다.

가시투성이의 남쪽 나라 미인
암끝검은표범나비

암끝검은표범나비는 30년 전까지는 온난한 일본 혼슈 남서부에 서식했습니다. 그런데 무슨 일인지 갑자기 급속도로 북쪽으로 진출하기 시작하더니 지금은 기타간토에서 월동하고 더 북쪽까지 올라가 지금은 도호쿠에서도 가끔 채집됩니다.

10년 전부터 원예가의 입방아에 오르내리는 종이기도 합니다. 저 또한 "비올라나 제비꽃에 기괴한 모충이 있어요. 한번 봐주세요"라는 부탁을 꽤 받곤 했습니다. 애벌레의 생김새는 모충처럼 생겼지만, 몸에 난 것은 가시형 돌기이며 털이 아닌 살입니다. 따가워 보인다면 그것은 녀석의 의도에 넘어간 것입니다. 사실은 만져도 아프지 않고 독도 없습니다.

날렵한 칠흑의 몸에 붉은 선은 도회적이며 예술적이어서 무척 멋있습니다. 무엇보다 기억하기 쉬운데, 어릴 때부터 다 자랄 때까지 색깔과 모양새가 거의 변하지 않습니다. 먹이 또한 야생 제비꽃부터 팬지, 비올라 등의 원예종을 먹이로 하기에 키우기도 쉽습니다. 그래서 공원, 주택가, 공터 등에서 꿈틀거리는 녀석을 쉽게 볼 수 있습니다.

암끝검은표범나비는 번데기의 모습도 멋있습니다. 녀석이 속한 네발나비과는 거꾸로 매달린 수용 유형이라는 형태로 번데기가 됩니다. 마치 중세 유럽 보병의 갑옷과 투구를 연상시키는 중후한 멋이 있습니다. 등에는 수은을 떨어트린 듯한 무늬로 햇빛에 반짝반짝 빛납니다. 다만 금속 재질은 아니고 번데기 안이 투명하게 비치면서 빛의 간섭 작용으로 빛나는 것처럼 보이는 것입니다.

암끝검은표범나비의 세력 확장은 먹이인 팬지의 증식도 영향이 있지만 애벌레가 능력이 있었기에 가능했습니다. 이 애벌레는 기온 5도까지 버틸 수 있으며, 3개월 정도 먹지 않아도 생존이 가능한 경이로운 생명력을 지니고 있습니다. 보통은 네 번의 탈피(5령)로 번데기가 되지만, 환경에 따라서는 6령 애벌레까지 자라는 엄청난 임기응변까지 발휘한답니다.

암끝검은표범나비 *Argyreus hyperbius* 네발나비과

몸길이: 40~45mm
애벌레 시기: 약 1년(관동 이서)
분포: 한국, 일본, 중국
식성: 각종 제비꽃과, 팬지, 비올라 등

I

II

III

I
3령 애벌레의 모습이다. 색깔과 형태는 어렸을 때부터 거의 변화하지 않는다. 잎 뒤쪽에 숨어 식사를 즐긴다.

II
번데기의 모습이다. 가시가 많고 거친 느낌이다. 은색으로 빛나는 부분은 번데기 속이 비치면서 빛의 간섭이 생겼기 때문이다.

III
성충: 날개 편 길이 60~70mm. 화려한 표범 무늬와 섬세한 그라데이션이 절묘하게 어우러져 무척 아름다운 나비다. 이동성이 뛰어나다.

최신 알락나비 주의보
홍점알락나비

홍점알락나비는 매우 중요한 나비입니다. 지금으로부터 7~8년 전, 제 눈 앞에서 본 적 없는 화려한 나비가 날아갔습니다. 남쪽의 길 잃은 나비라는 생각에 정신없이 쫓아가 보니 홍점알락나비였습니다.

홍점알락나비는 실제로 남쪽의 나비로, 자연 발생은 아니고 인위적인 방사로 인해 확산한 것으로 알려져 있습니다. 엄청 짧은 시간 동안 개체 수를 늘려 저처럼 현장에서 일하는 사람을 놀래킵니다. 최근 몇 년 동안 재래종인 흑백알락나비(110쪽)보다 이 나비를 만나는 일이 더 늘었는데, 흑백알락나비가 줄고 있는 것이 아니라 홍점알락나비의 증식 속도가 놀라운 수준인 것입니다.

애벌레의 모습은 왕오색나비와 흑백알락나비와 똑같은데, 먹이와 월동 방식 및 생활 방식까지 매우 비슷합니다. 애벌레 구별법은 앞서 말 한대로입니다(39쪽, 111쪽). 기억하기만 하면 아주 간단합니다. 그렇다고 해서 자연 속에서 마주쳤을 때 한번에 알아차라기란 쉽지 않을 겁니다. 개체에 따라 구분하기 어려운 것이 섞여 있기 때문입니다.

홍점알락나비는 1990년대에 중국에서 가져온 개체가 번식한 것으로 아마미 제도에 서식하고 있지만, 혈통이 다른 고유종입니다. 일본의 국립환경연구소의 자료에 의하면 주요 서식지는 가나가와현과 도쿄입니다. 사이타마에서의 관측은 일과성이라고 쓰여 있지만, 2000년대에 들어서는 정착한 것이 명확하며 2013년에는 대량 확산이 됩니다. 지금은 이바라키를 제외한 간토 전역 외에도 시즈오카, 야마나시에서도 발견되고 있습니다.

분포 확대의 속도가 엄청나기에 다른 지역에서 발견한다면 인터넷 등에 올려 주세요. 연구자에게 큰 도움이 될 것입니다. 외래종이라는 이유로 싫어할 필요는 없습니다. 우선 잘 알아 두는 것이 중요합니다.

홍점알락나비 *Hestina assimilis* 네발나비과

몸길이: 40~45mm
애벌레 시기: 약 1년(애벌레 월동)
분포:[42] 한국, 일본, 대만, 중국
식성: 팽나무, 뽕나무 등

I

II

III

I
4~5월경에 볼 수 있는 3령 애벌레의 모습이다. 양과자 같은 화려한 색채가 눈길을 끈다.

II
알의 모습이다. 잎과 줄기에 몇 개씩 낳아 놓는다. 9~10월경 자그마한 팽나무에서 발견할 수 있다.

III
성충: 날개 편 길이 75~85mm. 날개에 빨간 점이 있는 것이 특징이지만 초여름에 우화하는 나비에는 빨간 점이 없다.

42 여러 아종이 있음

풀숲의 스틱형 양과자 큰먹나비

큰먹나비의 북쪽 한계선은 2006년 즈음부터 가나가와현, 지바현 남부였고 현재의 큰먹나비는 기타간토에서도 월동할 수 있는 종이 되었습니다. 지금도 계속해서 북상 중이고 주목할 만한 나비임에도 불구하고 일반인에게는 나방으로밖에 보이지 않습니다. 그래서인지 온난화 문제와 얽히지 않는 이상 관심을 받기는 어렵습니다.

3년 전, 고향에서 열린 관찰 모임에서 한 선배가 큰먹나비 애벌레가 나타났음을 알렸습니다. 의심스러운 눈초리로 선배가 건넨 사진을 봤을 때 깜짝 놀랐습니다. 사진 속 나비는 틀림없는 큰먹나비였습니다. 흔히 볼 수 있는 염주라는 잡초에 초콜릿을 발라 놓은 양과자처럼 애벌레가 찰싹 붙어 있었는데, 순간 이 모양을 막대 모양 간식으로 응용하면 잘 팔릴 것 같다는 생각을 잠시 했습니다. 최근까지도 여러 곳에서 발견되었다는 소식이 속속들이 들어오고 있습니다.

큰먹나비의 머리에는 짤막한 귀(뿔)가 나 있으며, 특히 인상적인 것은 얼굴이 무척 작은데도 몸통은 이상하리만치 깁니다. 이 애벌레가 벼과 잡초풀에 붙어 있는 모습은 참으로 익살맞습니다. 잎을 먹고 난 흔적에도 특징이 있어서 발견하기 좋은 포인트가 됩니다.

어미 나비는 알을 수십 개 정도 한 번에 낳습니다. 부화한 애벌레는 곧바로 의기투합해 먹거나 낮잠을 잘 때도 찰싹 붙어 시간을 보냅니다. 갈무늬재주나방(140쪽)처럼 답답한 느낌은 아니어서 징그럽지 않습니다. 중령기도 형제자매와 함께 보내는데, 다 자랐을 때 즈음이면 독립을 시작합니다.

먹이가 되는 벼과 식물은 길가에 풍족하게 널려 있습니다. 그런데 이것을 잘라 집에 가지고 가면 금방 시들고 맙니다. 채집통의 습도를 조절하면 더 오래 유지할 수 있습니다. 습도 조절에는 여러 방법이 있지만 가장 간단한 것은 통 위에 랩 등을 싸 두는 것입니다. 여러모로 쓰임새가 좋은 비법입니다.

큰먹나비 *Melanitis phedima oitensis*[43] 네발나비과

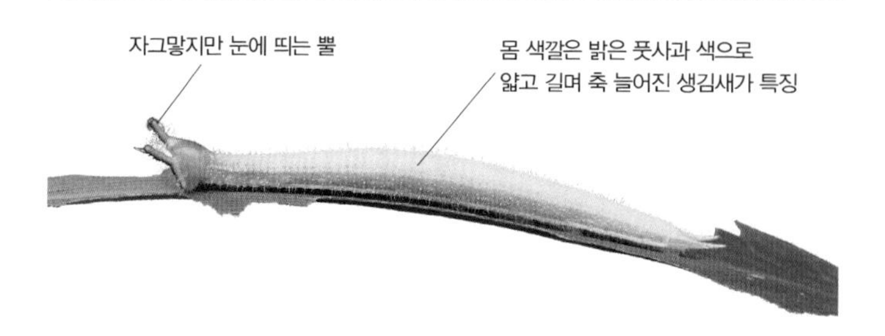

촬영: 伊藤平彌氏

몸길이: 약 50mm
애벌레 시기: 5~10월
분포: 한국(미접), 일본 (기타간토~난세이 제도), 대만, 중국
식성: 억새, 염주, 달뿌리풀, 옥수수, 조 등

협력: 神奈川県立生命の星・地球博物館

I
약령기에는 가족과 함께 복닥복닥 살아간다. 먹은 흔적은 원형~부정형으로 별 특징은 없다.

II
다 자란 뒤에는 혼자서 생활한다. 먹은 흔적이 직선형이 되는 것이 특징이다. 잡목림 주변에서 찾아보자.

III
성충: 날개 편 길이 60~80mm. 앞날개 끝에는 동그란 눈알 모양 무늬가 있다. 날개를 접은 모습은 낙엽 그 자체다.

43 학명 Melanitis phedima의 아종

고군분투하는 똥탑 돌담무늬나비

돌담무늬나비는 현재는 일반종이지만 이전까지는 규슈에서도 보기 드문 진귀한 나비였습니다. 매해 분포를 늘려가면서 규슈보다도 북쪽에 위치한 지방까지 세력을 뻗치게 됐습니다. 아주 드물지만, 더 위에 있는 시즈오카현에서도 발견 사례가 나오고 있으니 북상은 여전히 진행 중인 것으로 보입니다.

애벌레 시절의 모습이 아주 독특합니다. 얼굴은 중세 유럽의 피에로를 떠올리게 하고 독특한 몸의 형태는 등과 엉덩이에 톱니가 달린 초승달 모양입니다. 먹그림나비(174쪽)와도 비슷하지만 주로 먹는 것이 전혀 다르기 때문에 헷갈릴 일은 없습니다.

비슷한 구석은 용모뿐이 아닙니다. 돌담무늬나비 애벌레는 평상시에 잎 아래에 숨어 있습니다. 배가 고파 오면 이파리 끝으로 기어가 부드러운 잎을 열심히 뜯어 먹는데, 잎의 중심을 관통하는 단단한 중맥[44]만 남겨 놓습니다. 중맥만 남으면 나비는 그 끝으로 가서 똥을 누고는 실을 토해내서 중맥 끝에 붙여 놓습니다. 이것을 반복하면서 탑은 점점 쌓여 갑니다. 종종 먹다 남은 잎을 붙여 놓는 것은 줄나비(176쪽)와 똑같습니다. 잠시 쉴 때는 이 똥탑에 붙어 낮잠을 잡니다

중령이 되어 잎 표면으로 나와서 생활을 시작하면 똥탑 만들기는 그만둡니다. 이 탑은 영원히 쌓이지는 않는 모양이지만 그렇다면 '어디까지 쌓일까', '1cm 쌓이는 데 똥이 얼마나 필요할까'와 같은 중요한 비교 기록 조사는 아직 시행된 적이 없는 것 같습니다. 스스로 하는 해보는 것도 좋습니다. 여러분이 해볼 때까지 기다리고 있겠습니다.

44 잎 가운데에 있는 굵은 잎맥

돌담무늬나비 *Cyrestis thyodamas mabella* 네발나비과

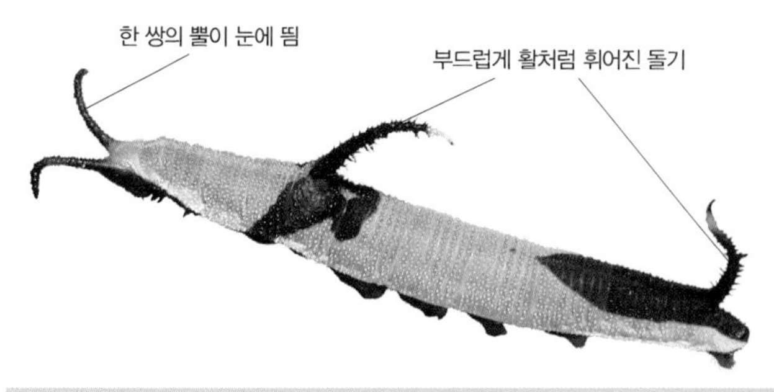

몸길이: 약 44mm
애벌레 시기: 4~10월
분포: 한국(미접), 일본 도카이 지방~난세이 제도, 인도, 스리랑카
식성: 천선과나무, 무화과나무, 모람, 인삼벤자민 등

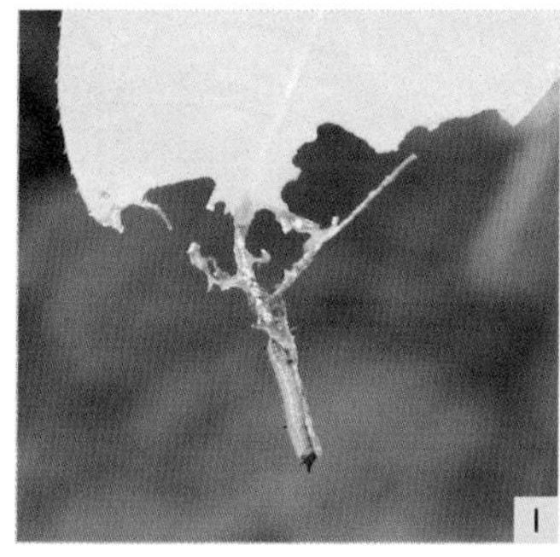
I

II

III

I
초령기 애벌레의 모습이다. 생김새는 평범하지만 수작업만큼은 뛰어난 실력을 가졌다. 잎맥만 남겨진 곳에 잎 부스러기나 똥을 쌓아 올린다.

II
3령부터 독특한 생김새로 변모한다. 요염한 악마를 연상시키는 모양새가 아름답다.

III
성충: 날개 편 길이 45~55mm. 엄청나게 특이한 장식과 색깔은 파괴적이며 전위적이기까지 하다. 기괴한 아름다움을 자아낸다.

묘비를 짊어진 슬픈 해충 탈박각시

탈박각시는 영화 〈양들의 침묵〉을 통해 인기 스타가 된 나방으로 등에 해골 무늬가 있습니다. 영화 장면의 박물관에서 연인이 대화를 나눈 것처럼 동남아시아에서 서식하는 나방이지만, 사실 일본에도 살고 있습니다. 규슈와 남쪽 지역에서만 볼 수 있어서 평생 볼 수 없는 꿈의 희귀종으로만 생각했는데, 최근 몇 년 동안 사이타마현에서도 매년 볼 수 있게 되었습니다.

탈박각시 애벌레는 무척 커서 눈에 띄지만 종을 구분하려고 하면 똑같은 녀석이 많은 데다가 색채 변이도 있어서 헷갈리기 쉽습니다. 하지만 탈박가시의 엉덩이를 보면 쉽게 구분할 수 있습니다. 게다가 오른쪽 페이지의 사진을 보면 몸이 말이 안되게 큽니다. 크기가 5~6cm를 넘어서면 남성이라도 질겁할 정도의 애벌레가 됩니다. 애벌레는 8cm 이상 자라는데, 제가 만난 애벌레는 모두 10~11cm 정도로 거대하고 무시무시했습니다.

제가 탈박각시 애벌레를 발견한 것은 재배 토마토나 잡목림의 배풍등이지만 감자나 고구마 등의 가지과, 메꽃과, 참깨과(이를테면 참깨) 등 탈박각시의 먹이는 다양합니다. 밭이나 논의 유해초인 도깨비가지를 홀라당 먹어치우는 일도 있습니다. 농가나 원예가 입장에서는 구세주일지도 모르지만 재배 채소에 붙어 버리면 엄청난 피해를 받게 됩니다. 항상 식욕이 충만하기 때문에 대량의 먹이가 필요합니다. '도대체 뭘 위해 채소를 재배했을까' 싶을 만큼 인생무상을 경험하게 되기도 합니다.

애벌레는 운다고 알려져 있는데, 촬영하는 중에나 키우던 때도 들어본 적이 없습니다. 마찬가지로 성충도 운다고 알려졌지만 들은 적은 없습니다. 탈박각시 성충은 꿀벌의 집에 침입해 꿀을 훔치곤 하지만 이내 엄청난 반격에 당하고 죽임을 당하기도 합니다.

탈박각시 *Acherontia lachesis* 박각시과

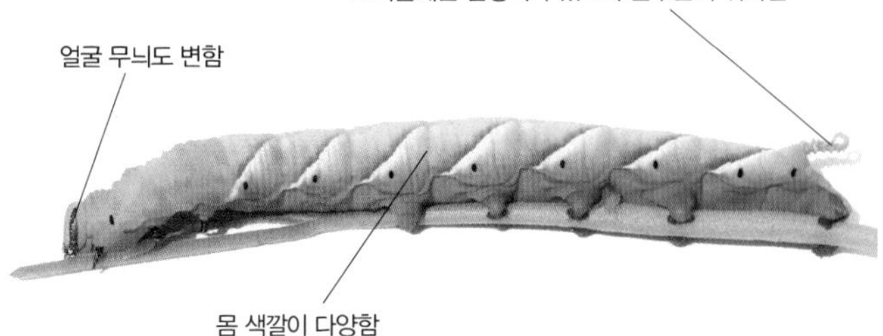

몸길이: 80~90mm
애벌레 시기: 8~11월
분포: 한국, 일본
식성: 토마토, 가지, 감자, 참깨, 배풍등 등

I II

III

협력: 神奈川県立生命の星・地球博物館

I
흑갈색 유형의 애벌레다. 몸길이가 10cm 이상인 초대형 개체도 자주 보인다.

II
박력 넘치는 번데기로 이집트 미라를 방불케 하는 환상적인 분위기를 풍긴다. 땅속에 들어가 번데기화한다.

III
성충: 날개 편 길이 100~125mm. 등에 해골 무늬가 새겨진 인상적인 나방이다. 오리엔트풍의 촘촘하고 힘 있는 장식이 아름다움을 더한다.

도로 한편의 '어머니' 큰멋쟁이나비

크게 주목받는 일이 없었던 큰멋쟁이나비에게 깊은 애정을 쏟는 사람이라면 희귀한 나비나 매우 아름다운 나비를 지겹게 보아 온 애호가가 많습니다. 큰멋쟁이나비는 성충인 채로 월동하기 때문에 산란은 봄에 이루어집니다. 길거리에 피어난 잡초 모시풀에 낳은 알은 아름다운 에메랄드색이며 부화한 애벌레는 가시가 잔뜩 달린 검은색입니다. 징그러운 모충처럼 생겼지만 자세히 들여다보면 색상과 모양이 아주 정교합니다.

이들은 쾌적한 주거 환경을 만들기 위해 구슬땀을 흘립니다. 애벌레의 건축에 대해 알기 쉽게 요점을 짚어 주자면, 먼저 잎 끄트머리에 실을 토해 낸 뒤 붙여 놓습니다. 그리고 부리나케 잎 반대편까지 이동해서 실로 다리를 만듭니다. 이것을 계속해서 반복하다 보면 잎이 조금씩 접히면서 결국에는 주머니가 만들어집니다. 이렇게 묵묵히 일하는 모습을 관찰하는 것은 참 재밌습니다. 이들은 영리하게도 초령기에는 작은 새잎을 고릅니다. 일을 크게 벌이지 않아도 금방 마무리할 수 있기 때문입니다.

이제 중령이 되면 커다란 잎으로 이동합니다. 이때 녀석은 동물 행동 학자처럼 애벌레를 관찰하는 여러분에게 새로운 기술을 선보일 것입니다. 접어야 하는 잎 테두리에 실을 걸고는 이파리 끝으로 가서 동그란 참호를 팝니다(트렌치 행동). 이렇게 수분 길을 막아 놓으면 이파리가 축 처지면서 커다란 잎이라도 접기 쉬워집니다. 자그마한 새잎에 지내는 초령기에는 이러한 행동을 하지 않는다고 합니다(2령에 잎 끄트머리를 씹어 놓는 모습은 몇 번이나 관찰한 바 있습니다). 다 자랄 때 즘이면 대식가로 변모합니다. 강대한 세력을 자랑하던 잡초 모시풀도 뼈와 가죽만 남게 됩니다.

큰멋쟁이나비는 기생률이 무척 높아서 4령에서 다 자란 뒤에는 자그마한 새끼 벌이 20~30마리나 나옵니다. 번데기가 되는 비율이 아주 낮기에 우화를 보게 된다면 자신의 운에 감사하게 됩니다.

큰멋쟁이나비 *Vanessa indica* 네발나비과

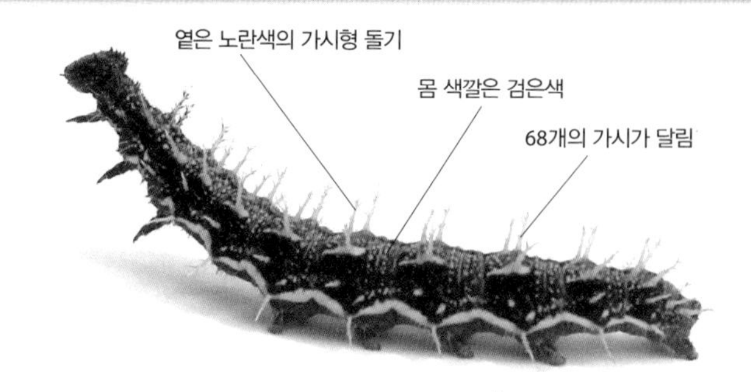

몸길이: 약 40mm
애벌레 시기: 5~11월
분포: 한국, 일본, 중국
식성: 모시풀, 왜모시풀, 느티나무, 쐐기풀류 등

I

II

III

I
3령 애벌레의 서식지 내부 모습이다. 잎이 시작되는 부분에 구멍을 뚫어 잎을 시들게 한다. 효율적으로 잎을 접기 위한 지혜다.

II
4령 애벌레의 서식지로 성장에 따라 커다란 잎을 접어놓는다. 독특한 모양으로 쉽게 발견할 수 있다.

III
성충: 날개 편 길이 약 60mm. 평범한 듯하면서도 세밀한 색상과 장식에 깊이감이 느껴진다. 나무 수액 바에 잘 모인다.

나무숲 세계의 보물 먹그림나비

압도적인 존재감을 자랑하는 먹그림나비는 애벌레를 사용하는 분이라면 분명 갈망하게 되는 존재입니다.

이 애벌레를 키우고 싶다면 우선 나무와 친해질 필요가 있습니다. 이들의 주식인 나도밤나무가 문제인데 주로, 산골짜기 시냇물 부근에서 자랍니다. 개체 수가 많지 않아서 제가 활동하는 구역처럼 찾아보기 힘든 지역도 많습니다. 만약 운 좋게 이 나무를 발견하면 당장 먹그림나비 애벌레를 찾아보세요. 잎끝에 매달린 잎사귀 커튼을 찾는 것이 포인트랍니다.

부화한 애벌레는 잎끝으로 이동해 잎사귀를 먹기 시작해서 중맥만 남겨 놓습니다. 중맥 끄트머리에 실을 듬뿍 토해낸 뒤 잎 찌꺼기를 정성껏 붙여 탑을 쌓습니다. 식사할 때마다 열심히 쌓아 놓습니다. 이는 본인의 모습을 지우기 위한 위장술이라고도 불리는데, 무척 재밌어 보이는 일을 열심히도 하고 있습니다.

연령이 거듭됨에 따라 이번에는 잎 안쪽에서 참호를 파듯 먹기 시작해서 중맥까지 도달하면 먹그림나비는 희한한 일을 하기 시작합니다. 남은 잎사귀를 실로 이어서 합치는 작업을 하는 것입니다. 이것을 계속해서 반복하면 커다란 잎사귀 커튼이 만들어집니다. 이것 또한 천적으로부터 자신을 지키기 위함이라고 하는데, 먹그림나비를 찾는 인간에게 있어서는 고마운 표식이기도 합니다.

초령에서 중령기의 애벌레는 잎 아래에 숨어 있습니다. 마술사의 가면을 떠올리게 하는 대담한 애벌레가 되면 갑자기 잎 위로 올라옵니다. "지금까지의 신중한 모습은 어디로 간 거야"라고 말하고 싶어집니다.

그런데 번데기는 다시 신중함을 되찾아 낙엽으로 모습을 숨깁니다. 정말로 행운이 따르는 사람이 아닌 이상 발견하기 쉽지 않습니다. 이렇게 우화한 성충이 되고 멋을 뽐내야 합니다. 놀랍게도 근처에는 이들보다 더 대단한 예술가가 살고 있습니다.

먹그림나비 *Dichorragia nesimachus nesiotes*[45] 네발나비과

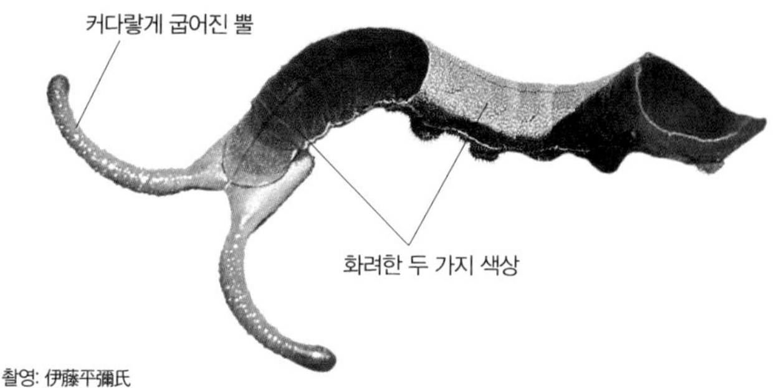

촬영: 伊藤平彌氏

몸길이: 약 55mm
애벌레 시기: 5~9월
분포: 한국, 일본, 대만
식성: 나도밤나무, Meliosma tenuis Maxim 등

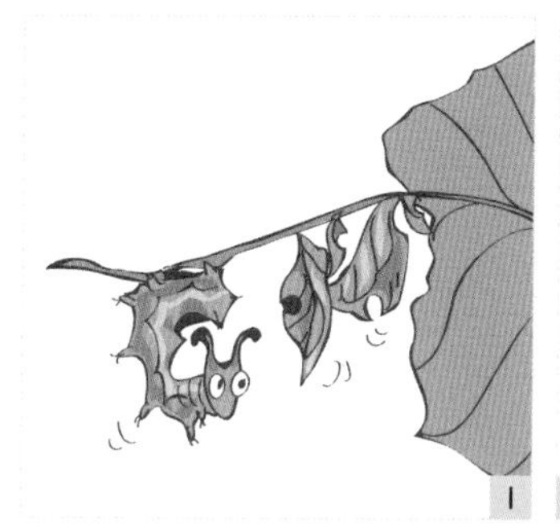

I

II

촬영: 伊藤平彌氏

III

협력: 神奈川県立生命の星・地球博物館

I

3령이 만드는 커튼의 모습이다. 잎을 잘라 작은 조각을 만들고 실로 매달아 놓는다. 시든 잎과 애벌레의 모습이 완벽하게 어우러진다.

II

번데기의 모습으로 잎 안쪽에서 번데기화한다. 낙엽과 똑같은 모양은 마치 신의 기술 같다. 자연계에서 이들을 구분하는 일은 아마 불가능할 것이다.

III

성충: 날개 편 길이 약 55~65mm. 수면에 먹을 떨어뜨린 것 같은 유려한 무늬를 가졌다. 나비 중에서 미의 극치로 통한다. 보고 있으면 질릴 틈이 없을 정도다.

45 학명 Dichorragia nesimachus의 학명 이명

인테리어 디자이너의 직장
줄나비

줄나비는 아름다움은 물론 키우는 재미도 뛰어난 종입니다. 줄나비 애벌레는 먹이인 인동덩굴에서 부화해 곧바로 나뭇잎 끝으로 향합니다. 굵은 중맥은 남겨 두고 주변의 잎만 먹습니다. 휴식을 취할 때는 노출된 중맥 위에 누워 잠을 잡니다.

줄나비 애벌레는 기이한 습관이 있는데 변과 씹어 놓은 잎사귀 찌꺼기를 동그랗게 말아 잎 위에 늘어놓는 것입니다. 그리고 이것을 입에 물어 중맥 끝까지 옮긴 뒤, 실을 토해내 정성껏 쌓아 올립니다. 이뿐만이 아닙니다. 자기의 몸에 몇 개 올려놓기까지 합니다. 어떤 이들은 이러한 행동을 두고 은폐하려는 목적이라고 하지만 진실은 알 수 없습니다.

또 하나의 기이한 습관은 이파리가 남은 부분에도 '똥탑'을 쌓아 올리는 것입니다. 나와 비슷한 분신을 만들어 은폐하는 것이 효과가 있다고 믿고 있는데, 스스로 동상을 만들고 있는 것이 아닌 이상 무척 신빙성 있는 이야기입니다.

또한 작은 잎 조각을 실로 이어서 매달아 놓습니다. 즉 커튼을 치는 일에도 열심이지요. 먹그림나비 이상으로 수작업을 즐깁니다.

이렇게 열심히 집을 지은 잎에서 많은 시간을 보내는데, 가끔은 다른 잎으로 옮겨서 새로 집을 만들기도 합니다. 이렇게 모든 기술을 아낌없이 보여 주는 개체가 있는가 하면, 커튼만 간단하게 만들고 마는 개체도 있습니다. 개체에 따라 완전히 달라지니 이만큼 관찰하기 재밌고 진화와 생태의 신비를 체험할 수 있는 애벌레도 드뭅니다.

애벌레는 어둑어둑한 수풀이나 물가의 인동덩굴에서 자주 발견됩니다. 번데기는 기묘한 모습을 하고 있는데, 우화한 성충은 유려하면서도 우아한 매력적인 종입니다.

줄나비 *Limenitis camilla japonica*[46] 네발나비과

길이: 25mm 정도
애벌레 시기: 1년(애벌레 월동)
분포: 홋카이도~규슈
식성: 인동덩굴, 섬괴불나무, 골병꽃나무 등

I

II

III

I
2령 애벌레의 모습이다. 잎사귀와 똥을 실로 이어 늘린다. 이렇게 열심히 일하는 모습을 보면 감탄스럽다.

II
3령 애벌레가 잎을 이어 만든 커튼의 모습이다. 똥을 잎끝에 쌓아 올리거나 자신의 등에 올리는 장인의 모습을 보여 준다.

III
성충: 날개 편 길이 45~55mm. 칠흑의 밤하늘에 달콤한 우유를 떨어뜨린 듯한 일자형 무늬를 가졌다. 주황색과 갈색, 회색이 어우러진 수려한 장식을 자랑한다.

46 학명 Limenitis camilla의 학명 이명
47 돌기a가 확연히 긴 개체는 Limenitis glorifica일 가능성이 있음

숲의 아르누보 양식 건축 푸른큰수리팔랑나비

푸른큰수리팔랑나비의 용모는 매우 독특해서 기억하기 쉽습니다. 하지만 눈에 띄는 모습을 하고도 발견하기가 쉽지 않은데 그 이유는 먹그림나비(174쪽)처럼 나도밤나무를 먹기 때문입니다.

푸른큰수리팔랑나비 애벌레는 집을 짓는 건축가입니다. 약령기에는 잎을 여덟 팔자로 갉아 안쪽으로 접습니다. 간이 지붕이 있는 가건물로 만족하는 것입니다. 중령 이후에는 잎을 주머니 형태로 접은 저택을 짓게 되는데, 이때 아주 희한한 습성을 보여 줍니다. 벽면을 안쪽에서부터 갉아 천천히 동그란 창을 몇 개나 만듭니다.

상당히 손이 많이 가는 예술적인 건축물을 만드는데, 이 쾌적한 저택에만 머무는 것이 아니라 산책도 즐기고 다양한 잎으로 식사도 합니다. 즉 기본적으로는 자유롭게 돌아다니면서 생활합니다. 이게 섬세한 것인지 대담무쌍한 것인지 전혀 알 수 없을 겁니다.

저택에서 나올 때는 집안에서 몸을 비틀어 벽을 두드리는 '콩'하는 소리가 난다는 재밌는 관찰 사례도 있습니다. 과연 여러분들도 이 모습을 관찰할 수 있을지 궁금합니다.

번데기가 되는 것도 기묘한 일인데, 하얀 납 물질에 둘러 싸여 있습니다. 초록 잎 안쪽의 하얀 번데기입니다. 애벌레는 놀랍도록 기이한 색채를 띠며, 집도 기묘하고 번데기도 눈에 띕니다. 아무래도 은폐 따위는 신경 쓰지 않는 듯 하지만 그런데도 잘 번식하고 있으니 신기할 따름입니다.

은폐나 의태에 대해 지금까지의 상식을 뒤엎을 만한 진리가 이 종에게 있는 것은 아닌가 하는 생각이 들면서 가슴이 뛰기 시작합니다.

푸른큰수리팔랑나비 *Choaspes benjaminii japonicus*[48] 팔랑나비과

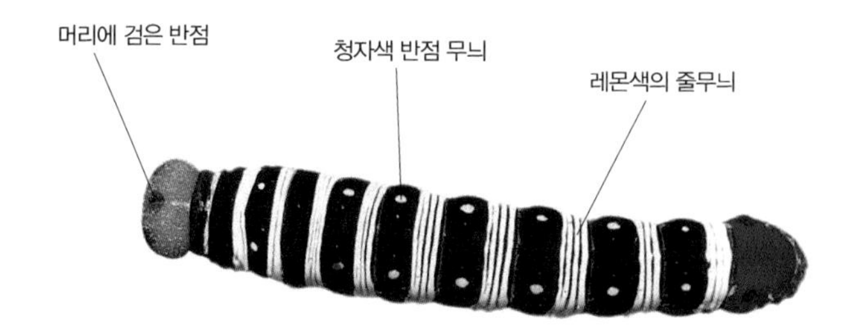

촬영 : 伊藤平彌氏

몸길이: 약 48mm　**분포:** 한국, 일본, 중국, 인도
애벌레 시기: 5~8월　**식성:** 나도밤나무, Meliosma tenuis Maxim, 산비파나무 등

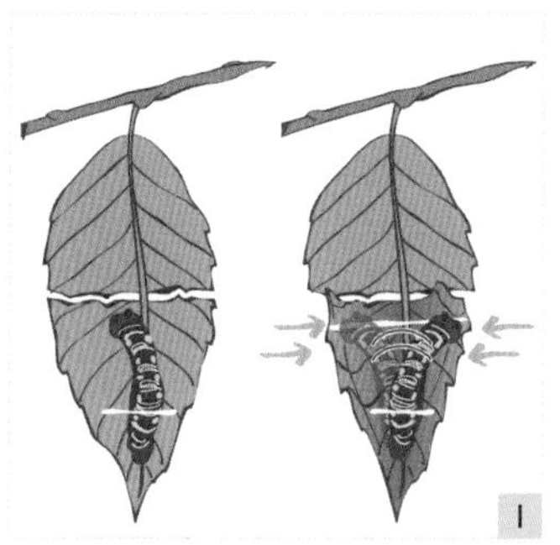

I II

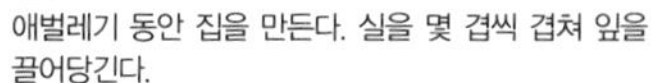

협력: 神奈川県立生命の星・地球博物館

III

I

애벌레기 동안 집을 만든다. 실을 몇 겹씩 겹쳐 잎을 끌어당긴다.

II

침낭 같은 집을 만든 뒤에는 동그란 창문을 몇 개나 뚫어 놓는 기이한 습성이 있다. 관찰하는 재미가 끊이질 않는다.

III

성충: 날개 편 길이 43~49mm. 구릉지나 낮은 산 등에서 바람을 가르듯 활공한다. 몸이 커다래서 눈앞을 지나가기만 해도 알 수 있다. 무척 아름다운 종이다.

---

48 학명 Choaspes benjaminii의 학명 이명

논두렁에 숨겨진 비밀의 집
줄점팔랑나비

줄점팔랑나비 성충은 어린이에게 인기가 좋습니다. 촉각이 하나하나 살아있고 동글동글한 귀여운 눈과 작은 전투기를 연상하게 하는 몸이 어린이에게 매력적으로 다가옵니다. 빠르게 비상하기에 잠자리채를 휘두를 때도 힘이 들어가게 됩니다. 가장 큰 매력의 원천은 어디서나 발견할 수 있는 친숙한 존재라는 점입니다.

도심부나 작은 마을에서 줄점팔랑나비는 벼의 해충으로 명성을 떨치고 있습니다. 줄점팔랑나비의 애벌레를 가위좀이라고 부르는데, 이들은 생육기의 벼 잎을 주로 먹습니다. 식사 또한 사치러운데 새잎을 살짝 맛만 본 후에 다른 어린잎을 또 먹습니다. 논에는 이들을 노리는 천적 수도 많아서 100마리나 200마리쯤이 서식한다면 큰 문제가 되지 않습니다. 그런데 천이나 만 단위로 발생하니 벼와 농가에는 엄청난 타격을 줍니다.

줄점파랑나비 애벌레는 벼잎을 침낭으로 삼습니다. 푸른큰수리팔랑나비에 비하면 꽤 평범한 집처럼 보이겠지만, 벼 잎은 무척 단단하고 탄력성이 좋습니다. 자그마한 애벌레가 잎끝에 실을 걸어 그것을 반대편으로 가지고 가 끈기 있게 이 작업을 영원히 반복합니다. 그런데 잎사귀 전체에 실을 두르는 것이 아니라 주요 포인트 몇 군데만 집중하여 길고 단단한 잎을 효율적으로 말지요. 해충이지만 이들의 현명함을 엿볼 수 있는 부분입니다.

농약의 영향으로 논에서 보는 기회는 놀랄 정도로 줄었습니다. 유기농 무농약 논에서는 대발생하고 있지만, 그 대부분이 기생벌이나 균 감염, 포식성 곤충의 표적이 됩니다. 그래도 성충을 쉽게 발견할 수 있는 것은 굳이 벼가 아니어도 길거리에 핀 벼과 잡초에 서식하면 되기 때문입니다.

이렇게 성충은 어디서나 볼 수 있지만, 애벌레는 좀처럼 눈에 띄지 않습니다. 이왕 말이 나왔으니 여러분도 한번 찾아보시길 바랍니다.

줄점팔랑나비 *Parnara guttata guttata* 팔랑나비과

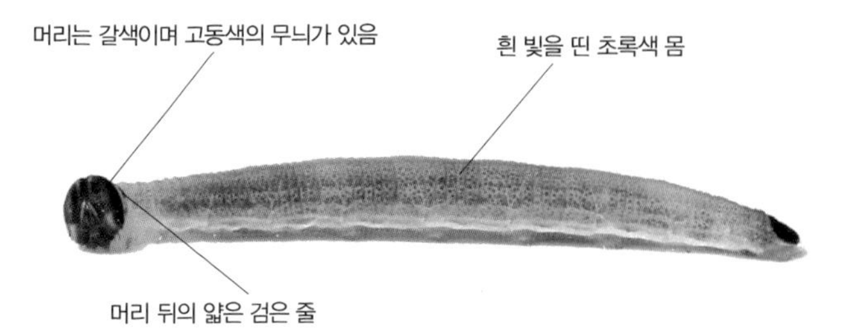

몸길이: 30~35mm
애벌레 시기: 1년(애벌레 월동)
분포: 한국, 일본, 대만
식성: 벼, 강아지풀, 억새, 왕바랭이, 갈대 등

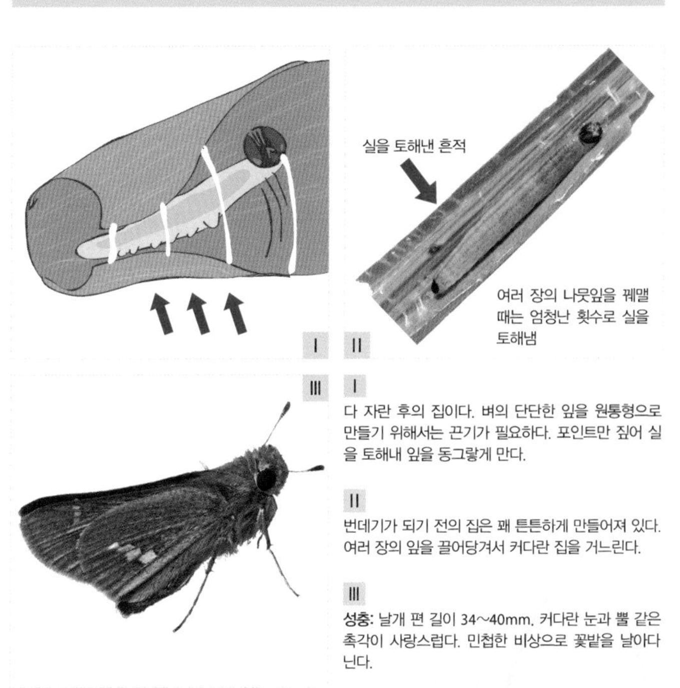

I
다 자란 후의 집이다. 벼의 단단한 잎을 원통형으로 만들기 위해서는 끈기가 필요하다. 포인트만 짚어 실을 토해내 잎을 동그랗게 만다.

II
번데기가 되기 전의 집은 꽤 튼튼하게 만들어져 있다. 여러 장의 잎을 끌어당겨서 커다란 집을 거느린다.

III
성충: 날개 편 길이 34~40mm. 커다란 눈과 뿔 같은 촉각이 사랑스럽다. 민첩한 비상으로 꽃밭을 날아다닌다.

길거리 판잣집 양식 건축
왕자팔랑나비

줄점팔랑나비보다 훨씬 사육하기가 편한 것이 왕자팔랑나비입니다. 왕자팔랑나비의 애벌레는 참마, 도코로마 등의 수풀에 무성하게 자라는 잡초에 살기에 먹이 확보가 용이하고 개체 수도 많아 찾기 쉽습니다.

왕자팔랑나비 애벌레는 어릴 적부터 판잣집을 만들기 위해 부지런히 움직입니다. 먼저 식사를 겸해서 잎 일부를 갉아 먹습니다. 어느 정도 되었다면 발길을 돌려 건너편도 똑같이 갉아 먹어 여덟 팔자의 참호를 만듭니다. 그리고 이것을 지붕으로 쓰기 위해 잎을 휙 뒤집어서 실을 토해내 고정하기 시작합니다. 새까만 얼굴을 위아래로 바삐 움직이는 모습을 보고 있으면 정말 우스꽝스럽습니다. 대강 다섯 개 정도의 기둥을 세우면 판잣집 완성입니다. 만약 이것을 무너트리면 어떻게 될까요? 곧바로 새로운 잎으로 건너가 새집을 만듭니다. 사실 자기 몸 크기에 맞춘 판잣집이기 때문에 성장할 때마다 새로운 잎을 찾아 새집을 만듭니다. 간단한 판잣집으로도 만족하면서 사는 것은 아마 일의 효율을 따지기 때문일 것입니다. 생김새와는 다르게 아주 영리합니다.

길을 지나가다가 수풀에서 이런 집을 발견하면 안을 들여다보세요. 커다란 머리를 움츠리고 있는 왕자팔랑나비 애벌레를 발견할 것입니다. 이 애벌레는 다른 팔랑나비과와는 달리 다리가 짧고 통통한 생김새를 하고 있습니다. 피부도 부드러운 벨벳 같은 촉감입니다. 도망칠 때는 걱정이 될 만큼 느릿느릿합니다. 번데기화도 이 판잣집 안에서 이루어집니다. 번데기는 작지만 아주 멋들어지기에 볼 가치가 있습니다.

우화한 성충의 모습에도 주목해 보시기 바랍니다. 다른 팔랑나비과와는 전혀 다른 모습으로, 가문의 문양을 새긴 예복을 입은 듯한 격식까지 느껴집니다.

왕자팔랑나비 *Daimio tethys* 팔랑나비과

몸길이: 약 25mm
애벌레 시기: 1년(애벌레 월동)
분포: 한국, 일본, 중국
식성: 참마, 마, 도코로마, 각시마

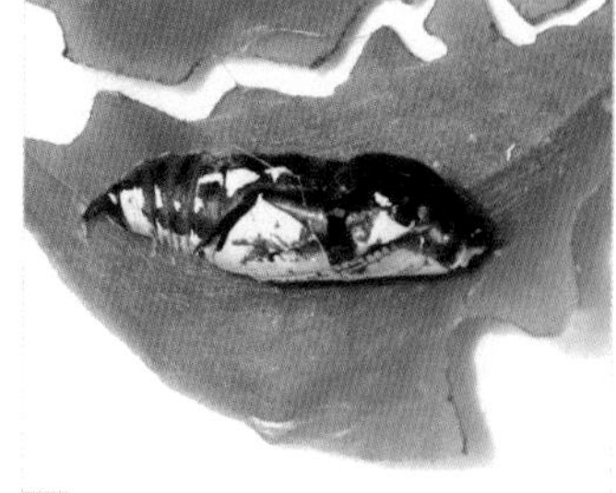

I
다 자란 뒤의 애벌레의 집이다. 여덟 팔자 모양으로 잎을 갉아 먹은 뒤 접는다. 간단한 판잣집 건축 형식이다.

II
번데기의 모습이다. 판잣집 안에서 번데기화한다. 은백색 무늬가 인상적인 멋들어진 번데기다.

III
성충: 날개 편 길이 33~36mm. 사진은 간토형이다. 간사이형은 뒷날개에 하얀 테두리 무늬가 들어간다. 꽃꿀과 짐승의 똥을 좋아한다.

캐노피가 달린 실크 침대의 묘미
한일무늬밤나방

한일무늬밤나방은 애벌레 애호가에게 인기 있는 종으로, 묘한 즐거움을 선사합니다.

한일무늬밤나방의 특징은 잡목림에 서식하며 약령기에는 날렵하고 까만 모습이지만 눈길을 사로잡지는 않습니다. 5월 하순 즈음 다 자라고 난 다음에 머리가 엄청나게 커집니다. 색깔은 매실장아찌처럼 붉은 것이 특징입니다. 몸을 가로지르는 하얀 선과 격자무늬 같은 검붉은 무늬의 조화는 평범해 보이면서도 강렬한 인상을 남기는 매력이 있습니다.

한일무늬밤나방 애벌레는 졸참나무 잎을 절반으로 접어놓기 때문에 눈에 잘 띄어 찾기 쉽습니다. 작업은 보기보다 정성스럽게 이뤄지는데, 편한하게 지낼 수 있도록 푸른큰수리팔랑나비(178쪽)처럼 동그란 창을 낼 때도 있습니다. 그것이 밖을 보기 위한 구멍인지 공기 순환을 위해서 준비해 놓는 것인지는 알 수 없습니다.

이 집을 억지로 열어 보려고 하면 이들은 기묘한 소리를 내며 항의합니다. 어떤 문헌에선 '빠드득하는 소리를 낸다'고 쓰여 있는데 정말 그런 소리를 내는지 궁금증을 해소하기 위해 실제로 키워봤습니다. 그랬더니 제 귀에는 빠드득하는 소리보다는 '사각사각'에 가까웠습니다. 녀석들은 이들은 기분을 언짢게 하면 격분한 투우가 앞다리로 흙을 긁듯 잎 표면과 하얀 실크막을 다리로 긁습니다. 그 모습이 또 얼마나 사랑스러운지 모릅니다.

이 묘한 사랑스러움을 즐길 수 있는 것은 1년에 단 한 번 5~6월뿐입니다.

게다가 세점무지개밤나방과 비슷하게 생겨 헷갈리기도 쉽습니다. 생김새와 마찬가지로 집도 비슷한 방식으로 짓기 때문입니다. 이 둘을 같이 다룬 일반 도감은 찾아보기가 매우 힘듭니다.

한일무늬밤나방 *Orthosia carnipennis* 밤나방과

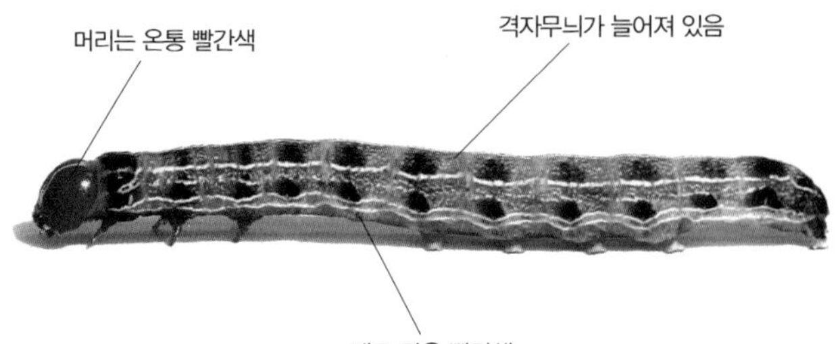

몸길이: 약 40mm
애벌레 시기: 4~5월
분포: 일본 한국, 일본, 대만, 중국
식성: 벚나무류, 상수리나무, 졸참나무, 떡갈나무, 팽나무 등

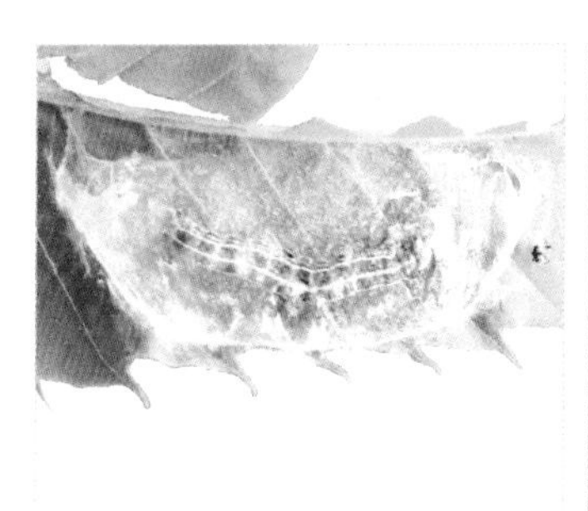

협력: 神奈川県立生命の星・地球博物館

I
다 자란 애벌레가 반으로 접은 집을 펼치는 모습니다. 실크로 뒤덮인 호화로운 침대다.

II
세점무지개밤나방 애벌레의 모습이다. 몸 색깔과 집 짓기 형태가 비슷하지만 다른 종이다. 머리 아래가 까맣고 배 옆의 색깔이 다르다.

III
성충: 날개 편 길이 약 45mm. 앞날개의 검은 무늬는 무언가를 의미하는 고대 문자를 한다. 식별 포인트가 되기도 한다.

권태로운 실크 공예가 한라산누에나방

한라산누에나방은 모충 중에서 가장 파격적으로 빛이 납니다. 주로 잡목림에서 조용히 삶을 영위하며 참나무산누에나방(74쪽)과 주식이 같습니다. 참나무산누에나방과 비슷한 구석이라고는 이름과 성충으로, 애벌레 시절과 고치의 모습은 전혀 다릅니다.

태어났을 때는 옅은 검은색 모충으로 첫 탈피로 새까맣게 변했는가 싶어 보면 등에 어두운 빨간 무늬가 새겨져 있습니다. 중령기가 되면 갑자기 돌변하는데, 허를 찔린 칠흑과 에메랄드색 그리고 빨간 무늬까지 더해져 우리의 눈을 즐겁게 해줍니다. 한라산누에나방을 발견하기 쉬운 때도 이 시기인데, 높이 1m 정도의 어린잎 안쪽에서 C자 모양으로 잠자고 있습니다.

애벌레는 활동적이고 대담합니다. 참나무산누에나방은 자그마한 자극에도 놀라 굳어 버리는데, 한라산누에나방은 크게 동요하지 않고 힘차게 꿈틀대며 도망갑니다. 다 자랐을 때 즈음에는 아주 아름다워져서 사진가를 매료시킵니다. 하지만 촬영에 협조할 마음은 털끝만치도 없어서 바삐 움직여 댄답니다.

투명한 에메랄드색으로 뒤덮인 애벌레는 나뭇가지 끝으로 조용히 움직입니다. 여기에 늦봄의 햇살이 비추면 부스스한 에메랄드색 털이 반짝반짝 빛나 저도 모르게 숨을 꿀꺽 삼키게 됩니다. 어떤 이유가 있는지는 모르겠지만, 완벽하게 정돈되지 않고 군데군데 긴 털이 삐죽 나와 있는 점도 권태로워 보여서 좋습니다.

애벌레는 곧이어 그물 모양의 독특한 고치를 만듭니다. 평범하게 만드는 편이 훨씬 편하지 않을까 싶지만, 시원해 보이는 그물 고치를 만드는 것도 권태로운 한라산누에나방다워서 재밌습니다.

한라산누에나방 *Saturnia jonasii* 산누에나방과

몸길이: 약 60mm	**분포:** 제주도, 일본
애벌레 시기: 4~6월	**식성:** 벚나무류, 매화나무, 상수리나무, 졸참나무, 단풍나무류 등

I

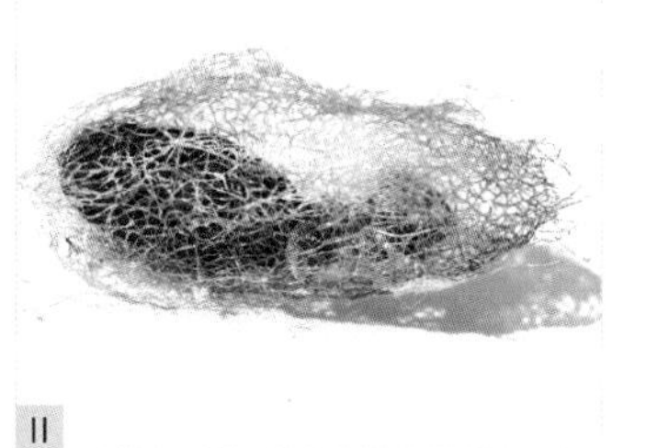
II

III

협력: 神奈川県立生命の星・地球博物館

I

2령 애벌레의 모습이다. 4월경 잎 안쪽에서 C자 모양으로 잔다. 눈에 잘 띄지만, 개체 수가 많지는 않다.

II

고치의 모습이다. 갈색의 실이 그물처럼 교차되어 있다. 아무리 관찰해보아도 대충 만드는 것처럼 보인다.

III

성충: 날개 편 길이 85~106mm. 분홍빛의 그러데이션이 달콤한 초코케이크를 떠올리게 하는 아름다운 종이다. 배색이 독특해서 알아보기 쉽다.

일류 장인의 사랑스러운 콧노래
유리산누에나방

유리산누에나방을 빼놓고는 장인 정신을 말할 수 없습니다. 독특한 예술가인 이들은 작업 도중에 흥얼거리는 콧노래도 작품같습니다.

주로 잎 안쪽에 살고, 태어났을 때는 새카만 모충입니다. 탈피할 때마다 밝은 풋사과 색으로 변모하여 다 자란 뒤에는 모든 털이 빠진 애벌레의 모습이 되는데, 참으로 아름답습니다. 중무장한 기병을 떠올리게 하는 우락부락한 생김새지만 이에 비해 얼굴이 작아 귀엽습니다.

만약 다 자란 뒤에 심기를 건드리면 '찌익'하고 웁니다. 그냥 만지는 것보다 천적인 새가 부리로 물 듯이 엄지손가락과 집게손가락으로 가볍게 집어 올리면 울음소리를 냅니다. 목소리를 듣기 위해 무리해서 괴롭힐 것도 없이 곧이어 아름다운 음색을 즐길 수 있는 시기가 다가옵니다.

먼저 번데기가 되기 전에 먼저 고치를 만듭니다. 잎을 토대로 고치의 기초를 닦으면 이번에는 나뭇가지에 목숨줄을 열심히 붙여 놓습니다. 본격적으로 고치를 만들기 시작하는데, 이때 열심히 '찍찍'하며 콧노래를 부릅니다. 동그랗고 통통한 몸을 유연하게 움직이면서 고치를 만드는데, 신체의 수축과 동시에 노랫소리가 울려 퍼집니다. 발성 기관에 대한 상세 정보는 아직 알려진 바가 없지만, 신체를 수축시킬 때 발성하는 것처럼 보입니다.

몇 시간 후면 모습이 보이지 않게 되어 노랫소리만이 울려 퍼지고 3일 꼬박 장인의 콧노래가 계속됩니다. 완성된 고치의 모습은 산가마니라고 불리는 아주 독특한 모양을 하고 있는데, 위에는 우화를 위한 구멍이 있고 고치 바닥에는 물을 빼기 위한 구멍까지 있는 아주 훌륭한 모양새입니다. 단순한 달걀형이 아니라 가마니형으로 만들어지는 과정은 꼭 봐야 할 가치가 있습니다. 게다가 이 고치는 고급 실크 원료가 된답니다.

유리산누에나방 *Rhodinia fugax* 산누에나방과

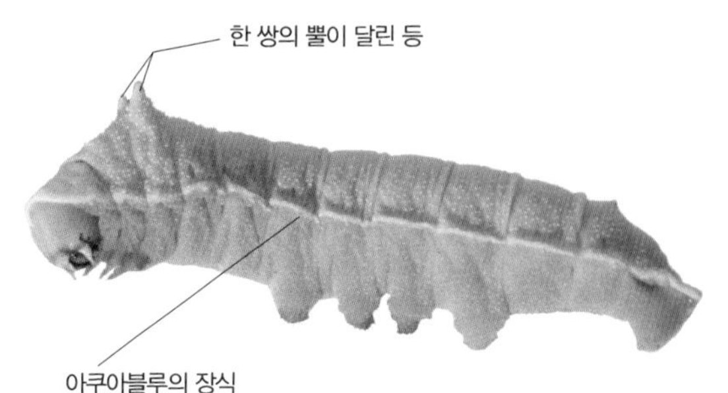

몸길이: 약 60mm
애벌레 시기: 4~7월
분포: 한국, 일본, 중국
식성: 벚나무류, 상수리나무, 졸참나무, 팽나무, 단풍나무류 등

I

II

III

I
3령 애벌레의 모습이다. 검은 가시에 파스텔 색상이 독특하다. 가시는 단단하고 독은 없다. 활발한 성격이다.

II
고치의 모습이다. 직물에 쓰일 정도로 강하고 아름다운 실크다. 겨울에 자주 발견된다. 화살표 부분은 알이다.

III
성충: 날개 편 길이 80~90mm. 민속 예술품을 떠올리게 하는 생김새다. 네 개의 동그란 무늬에는 인분이 없어서 투명하다.

천연 누에나방의 실크
멧누에나방

멧누에나방은 역사적으로 매우 중요한 애벌레로, 실크를 짜내는 종이기도 합니다. 참나무산누에나방은 천잠, 누에나방은 가잠이라고 불리고 멧누에나방은 야잠이라고 불립니다. 누에나방의 원종이라는 이야기가 있는데, 중국 저장성 위야오시의 신석기 시대 유적에서 발견되면서 기원전 6,000~7,000년 전에는 멧누에나방에게서 누에나방이 태어났다고 여겨집니다.

꽤 쉽게 발견할 수 있는 애벌레입니다. 잡목림이나 황무지의 뽕나무에서 찾아볼 수 있습니다. 야생의 누에나방이라는 점이 호기심을 자극해서인지 멧누에나방을 찾는 사람은 의외로 많습니다. 녀석은 항상 잎 위에 앉아 있는데, 회색빛을 띤 짙은 갈색의 몸 색깔이 눈에 띕니다. 자그마한 코브라처럼 등의 일부분이 경단 모양으로 툭 튀어나온 것도 특징입니다. 놀라면 머리를 집어넣으면서 이 경단을 쑤욱 내미는 것이 위협 행동입니다. 거무스름한 몸 색깔이 오히려 눈에 띄지만, 호랑나비처럼 새똥을 가장한 것으로 알려져 있습니다. 그런데 참 신기하게도 이렇게 발견하기 쉬운데도 막상 찾으려고 나서면 보이지 않다가 다른 생물을 찾고 있을 때 꼭 눈에 띕니다.

키우기는 쉬워서 무럭무럭 잘 자랍니다. 충분히 자랐다면 이제 고치를 만들 차례인데, 여러 장의 나뭇잎을 토대로 삼아 사이를 왔다 갔다 하면서 실을 토해냅니다. 평평한 방석 같은 것을 만든 뒤 그 중심에서 계란형의 크림색 고치를 짓습니다. 그런데 이것이 놀랄 만큼 자그마합니다. 하지만 무척 훌륭한 실크이기에 여기서 실을 잣는 일은 쉽고 즐거울 것만 같습니다. 지치부에 있는 혼다 부부는 이렇게 말하기도 했습니다. "한 어르신에게 들은 얘긴데, 고치를 입에 물고 입속에서 가볍게 굴리면 명주실이 뽑힌다고 해서 시험 삼아 했더니 진짜 되더라고요. 꽤 재밌는 경험이었어요."

하지만 녹음이 짙어지는 계절에 고치를 찾기란 쉬운 일이 아닙니다.

멧누에나방 *Bombyx mandarina* 누에나방과

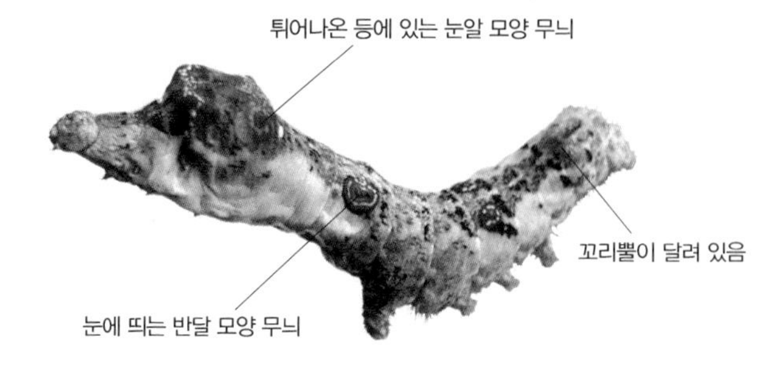

몸길이: 약 35mm
애벌레 시기: 5~9월
분포: 한국, 일본, 중국
식성: 산뽕나무, 뽕나무

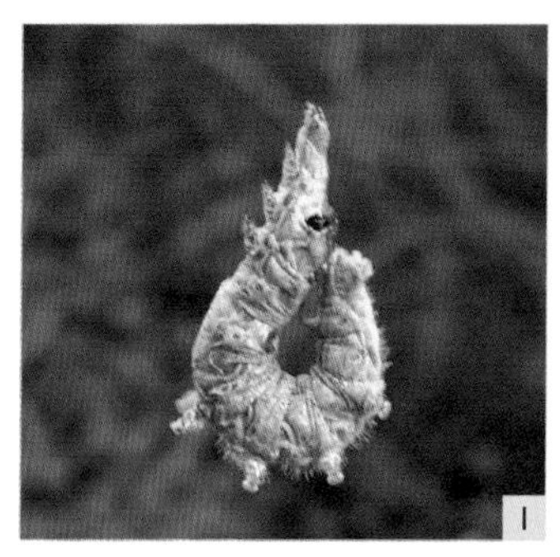

I

4령 애벌레의 모습이다. 놀라면 실을 토해내 대롱대롱 매달려 있다. 초여름의 바람을 맞아 뱅글뱅글 돈다.

II

고치의 모습이다. 부드러운 크림색을 띠고 있다. 이것을 입에 물고 놀면 실크가 풀려 나온다.

III

성충: 날개 편 길이 32~45mm. 신비롭고 사랑스러운 모양새가 매력적이다. 부드러운 색감이 보는 사람을 매료시킨다.

도롱이벌레와 과학 기술
검정주머니나방과 차주머니나방

도롱이벌레[49]는 전 세계에 약 1,000종이 살고 있으며 제가 살고 있는 일본만 해도 50종이 살고 있습니다. 도롱이의 형태와 소재로 식별이 가능하다고 알려졌지만 실제로 식별할 수 있는 사람이 더 희귀합니다.

이 종들은 전형적인 도롱이벌레입니다. 정원수에서 잡초에 이르기까지 모든 풀을 먹어 치우고 사과까지 먹습니다. 종종 대량 발생을 반복해 농작물에 막대한 피해를 주기도 합니다. 무엇보다 어미 나방의 산란 수가 천 단위이고(차주머니나방은 약 2,000개), 도롱이 속에서 부화한 애벌레는 실을 토해내 대롱대롱 매달려 계절에 따라 바람에 몸을 맡기고 정처 없는 여행을 떠납니다. 따라서 발생을 예측하는 것은 매우 어려운 편입니다. 게다가 애벌레 시기 몹시 길어 9령을 거칩니다. 새로운 세상에 도착한 애벌레는 곧바로 도롱이 만들기에 전념합니다. 마음에 드는 부스러기를 발견하면 명주실을 토해내 몸에 붙입니다. 여기저기에 서식하기 때문에 발견해서 키우기는 무척 쉽습니다.

혹시 도롱이벌레의 도롱이를 벗겨내 보신 적이 있는지요? 제가 해보니 도롱이벌레의 실에는 강한 점성이 있어서 쉽게 벗겨지지 않았습니다. 거미의 실이 알루미늄 섬유보다 강도가 세다고 하는데, 도롱이벌레의 실은 거미의 실을 능가하는 것으로 알려졌으며 최첨단 연구 개발 경쟁이 진행 중입니다.

도롱이 안에는 갈색의 반점이 있는 머리와 등에는 갈색 갑옷을 두른 기민한 애벌레가 들어 있습니다. 곧이어 수컷은 날개를 가지고 우화하면서 세상을 돌아다니지만, 암컷은 날개 없이 우화하여 도롱이 안에서 산란 후 숨을 거둡니다.

검정주머니나방과 차주머니나방의 차이가 궁금하시다면 오른쪽 페이지의 도롱이 사진을 보면 됩니다. 다만 저는 지금까지 양쪽을 구별하고 칭찬을 받은 적은 없었습니다.

---

49 주머니나방과의 애벌레

차주머니나방 *Eumeta minuscula* 주머니나방과

몸길이: 21~35mm **분포:** 한국, 일본, 중국, 대만
애벌레 시기: 8월~이듬해 6월(애벌레 월동)
식성: 동백나무 등의 차나뭇과, 벚나무류, 졸참나무 등의 참나뭇과, 버드나뭇과 등 다수

도롱이의 모습: 나뭇가지로만 만들어진 도롱이도 많음

검정주머니나방 *Mahasena aurea* 주머니나방과

옅은 검은 반점

옅은 크림색의 몸

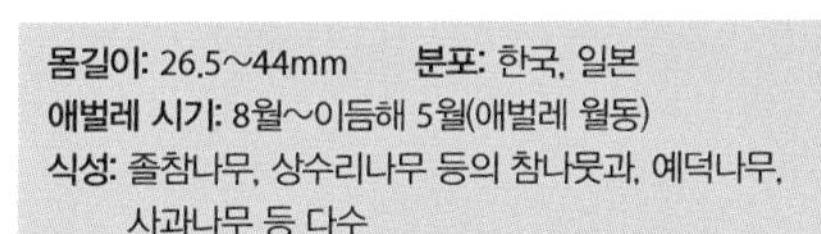
몸길이: 26.5~44mm **분포:** 한국, 일본
애벌레 시기: 8월~이듬해 5월(애벌레 월동)
식성: 졸참나무, 상수리나무 등의 참나뭇과, 예덕나무, 사과나무 등 다수

도롱이의 모습: 잎 부스러기가 많고 탈피 껍질이 남아 있음

희귀한 도롱이벌레 남방차주머니나방

남방차주머니나방의 애벌레는 놀랄 만큼 큰 도롱이벌레로, 잎 부스러기나 작은 나뭇가지 등으로 커다란 도롱이를 만듭니다. 그 안에는 눈이 동그래질 만큼 살찐 애벌레가 자리 잡고 있습니다. 녀석은 쉽게 찾을 수 있는 종으로 제가 활동하는 지역에서도 발견할 수 있습니다. 하지만 1996년 이후 급격하게 그 수가 줄어들었습니다. 현재 일곱 개 현에서 멸종 위기종으로 등록되어 있으며(그중 시가현에서는 '정보 부족'으로 등록되어 있습니다), 각지의 주요 도심부에서는 멸종 상태로 여겨지고 있어 그야말로 희귀종이 되었습니다.

외래종인 기생파리[50]가 위세를 떨치게 되면서 개체 수가 줄어들기 시작했습니다. 이 기생파리는 남방차주머니나방이 주요 표적이며, 친척뻘쯤 되는 차주머니나방에게는 전혀 관심을 보이지 않지요.

남방차주머니나방의 도롱이는 방추형 모양을 한 것이 특징입니다. 잎 부스러기와 나뭇가지, 정체를 알 수 없는 조각 등을 붙이는 것을 좋아합니다. 때때로 커다란 잎으로 장식하거나 나뭇가지만 사용하기에 도롱이의 소재로 종을 구분하는 것은 말처럼 쉽지 않아 저도 많이 혼동했는데, 대표적으로 검정주머니나방과 차주머니나방을 남방차주머니나방을 혼동했답니다.

10월 즈음 부터는 월동 준비에 들어가는데 이때는 구분하기가 쉽습니다. 나뭇가지에 매달릴 때 굵은 고리형의 생명줄을 만든 다음 도롱이벌레를 고정합니다. 단풍나무에서는 간혹 단체로 매달릴 때도 있는데, 이렇게 묘한 풍경을 보고 있으면 저절로 미소를 짓게 됩니다.

봄을 맞이해도 식사를 거른 채 번데기가 되어 5~6월경에 우화합니다. 암컷 한 마리가 총 산란하는 숫자는 약 1,000~4,000개입니다. 그래도 개체 수가 줄어들고 있으니 외래 기생종의 위세가 어느 정도인지 알 수 있습니다.

희귀종이 되어가는 남방차주머니나방의 거대함을 눈앞에서 마주한다면 그 희한한 박력에 절로 미소가 지어질 것입니다.

---

50 학명 Nealsomyia rufella

남방차주머니나방 *Eumeta variegata* 주머니나방과

몸길이: 35~50mm	**분포:** 한국, 일본, 중국
애벌레 시기: 1년(애벌레 월동)	**식성:** 벚나무류, 매화나무, 가래나무, 단풍나무류 등 다수의 수목

I

II

III

I
주렁주렁 달린 남방차주머니나방이다. 주택가 정원에서도 발견할 수 있는데, 최근 개체 수가 급감하고 있다.

II
도롱이의 안쪽 모습이다. 두꺼운 도롱이 안에 거대한 도롱이벌레가 우아하게 잠들어 있다. 이대로 월동하여 늦봄에 우화한다.

III
도롱이 크기는 약 50mm. 일본산 도롱이벌레 중에서는 최고다. 나무껍질 부스러기, 잎 부스러기, 나뭇가지를 이용해 도롱이를 만든다. 실을 고리처럼 만들어 도롱이를 고정하는 것이 특징이다.

대사업가는 '장수의 비결'
박쥐나방

1960~70년대에 걸쳐 전화를 불통으로 만들고고 열차를 몇 번이나 운행 중지시킨, 말도 안되는 완력을 행사한 애벌레가 바로 박쥐나방입니다. 어미 나방 또한 다를 바가 없습니다. 산란기를 맞이한 암컷은 높이 1m에서 풀밭을 향해 산란합니다.

봄에 부화한 애벌레는 스스로 먹이를 찾아 달라붙습니다. 나무에 올라 단단한 가지에 구멍을 뚫는데, 대부분 과일나무나 어린 낙엽수에 붙기 때문에 구멍이 뚫리면 나무들은 맥없이 피해를 봅니다. 애벌레가 잠입했다는 사실은 이들의 희한한 습성 덕에 금방 알 수 있습니다. 줄기에 구멍을 뚫어 놓고는 그 출구에 먹고 남은 찌꺼기와 변을 뭉쳐서 실로 정성껏 고정하는 식으로 표식을 굳이 드러내는 것입니다.

애벌레 시기가 거의 2년에 달하기 때문에 과일나무 등에 들어가면 차마 눈 뜨고 볼 수 없는 일이 발생합니다. 게다가 염화비닐의 피복 케이블도 먹어 치우기 때문에 합선이나 용단이 일어나 앞서 말한 사고를 불러 일으킵니다. 박쥐나방의 이런 습성은 식사를 하기 위한 것이 아니라, 숨어 있기 좋은 장소로 생각했기 때문입니다.

그렇다고 마냥 유해한 종으로는 볼 수 없는 것이 동충하초의 숙주로 귀한 대접을 받기도 합니다. 동충하초는 무척 비싼 한약재 중 하나인데, 중국의 박쥐나방 애벌레에 기생하여 자라는 버섯입니다. 본래 동충하초는 원산지인 중국의 일부 지역에 사는 종에서만 얻을 수 있는 것이라고 하니 일본의 박쥐나방에서 자라난 것은 아예 다른 버섯이라고 합니다. 그 효과의 차이가 어느 정도인지는 잘 모르겠습니다.

박쥐나방 *Endoclita excrescens* 박쥐나방과

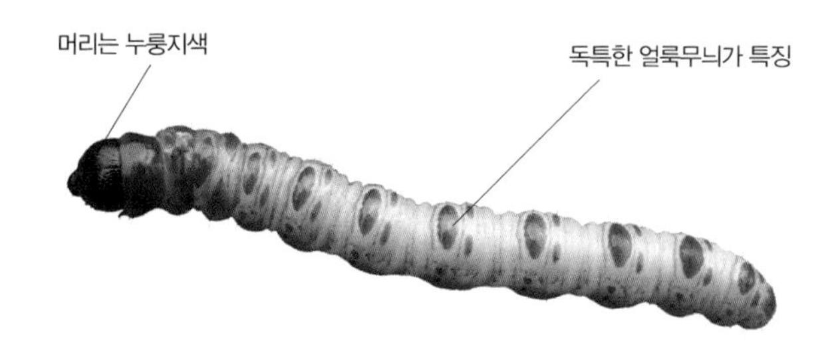

몸길이: 약 60mm
애벌레 시기: 1년(애벌레 월동)
분포: 한국, 일본, 중국, 시베리아
식성: 버드나무과, 콩과, 벼과, 달리아 등 다수

I
중령 애벌레의 모습이다. 갈대 줄기 안에서 발견했다. 더 성장하면 커다란 나무로 옮겨 간다.

II
다 자란 애벌레의 집으로 화살표가 가리킨 곳이 침입로다. 집안에도 각종 부스러기와 똥을 실로 이어 부드러운 침대를 만든다.

III
성충: 날개 편 길이 81~90mm. 시가 같은 모양새가 희한해서 눈에 띈다. 산란은 비행하면서 뿌리는 형식이다.

memo

제4장

유독성의 생태

특이한 독을 가진 나방과 이들의 신기한 생태, 식별 포인트까지 전부 소개합니다. 이름은 독나방일지라도 독성도 없고 우아한 종도 있으니 부디 이들을 기억하길 바랍니다.

마이크로 독침의 위력
독나방

독나방은 알면 알수록 무시무시한 생명체입니다. "독나방은 어떤 식물에 서식하나요?"라는 질문에 너도밤나무, 콩과, 진달랫과에 주로 산다고 답하지만, 사실 알려진 것만 해도 110종의 식물로 호불호가 전혀 없습니다.

반면 모충은 일 년 내내 탈피가 취미인가 싶을 만큼 계속 벗어댑니다. 애벌레 시기가 일 년에 달하는데, 그동안의 환경 조건에 따라 11령에서 17령까지 자랍니다. 몹시도 유연한 인생철학 덕분에 골치가 아프지요.

여름에 부화한 초령기의 모충만 독털이 없습니다. 하지만 어미의 사랑이 있지요. 성충도 독성이 있어, 어미 나방이 알을 낳을 때 자신의 독털을 문질러 독성을 유산으로 남기고 떠납니다. 이렇게 태어난 애벌레는 이를 짊어지고 대모험을 떠난답니다.

독나방은 첫 탈피를 할 때 자기만의 독털이 생기는데, 아무래도 독털 수백 개로는 불안한지 어렸을 때는 함께 생활을 합니다. 그래서 이 시기가 되면 나뭇가지가 독나방 잔치가 되어 수십~수백 마리의 약령기의 독나방이 마을을 만들어 식사에 열중합니다. 사실 어미 나방은 알을 낳을 때 덩어리로 낳으며, 덩어리 하나에 평균 200~700개의 알이 들어 있습니다. 운이 나쁘면 1,000개 이상도 들어 있습니다. 이때 인간이 근처를 지나면 목덜미나 손목에 심한 피부염이 생깁니다. 녀석의 독털은 무시무시한 시스템으로 만들어져 있어 약간의 마찰과 불어오는 바람으로도 쉽게 떨어지고 맙니다.

독털의 길이는 0.1mm로 무척 작은데 눈에 띄는 털은 독성이 없기 때문에 작을 수록 독이 강합니다. 다 자란 애벌레의 경우 한 개체에서 생기는 독털의 수가 약 600~650가닥입니다. 알과 번데기 성충 모두 독털에 둘러싸여 번영을 노래합니다.

독나방 *Artaxa subflava* 독나방과

몸길이: 35～40mm **분포:** 한국, 일본 **애벌레 시기:** 9월～이듬해 6월(애벌레 월동)
식성: 벚나무류, 장미, 매화나무, 졸참나무, 감나무, 나무딸기 등 다수

I

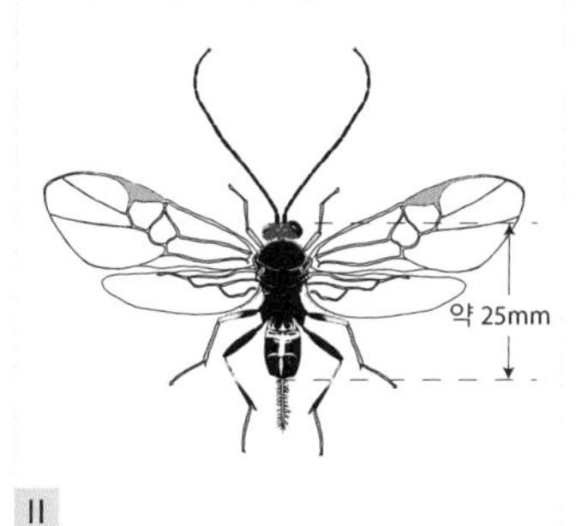

II

III

촬영: 一寸野虫氏

I

초령기 애벌레의 군락이다. 실로 텐트를 만들어 다 같이 생활한다.

II

독나방 애벌레를 노리는 기생벌의 모습이다. 이 벌이 기생하면 독나방은 숨을 거둔다. 이 외에도 기생파리[51]도 독나방 박멸을 위해 힘쓰고 있다.

III

성충: 날개 편 길이 25～42mm. 부드러운 노란색이 인상적이다. 날개 중앙부에 띠무늬가 새겨져 있다. 성충도 독을 지니고 있다. 등불에 모이는 습성이 있기에 주의가 필요하다.

---

51 학명 Sturmia picta Baranoff

갑자기, 불꽃처럼
차독나방

희한하게도 독나방과 차독나방 때문에 피해를 본 사람은 정작 가해자인 모충을 목격하지 않은 경우가 많습니다. 불꽃처럼 갑자기 시작되는 극심한 간지러움과 염증, 발진이 생기고 나서야 당했다고 자각합니다. 그래서인지 모충의 정확한 모습을 알고 있는 사람은 의외로 적습니다. 다 자란 애벌레는 건포도를 박아 놓은 듯한 독특한 생김새를 하고 있어 구분하는 것이 쉽습니다. 하지만 약령기의 애벌레는 다른 모습을 하고 있습니다.

피해가 가장 많이 발생하는 시기는 4~5월과 9~10월로 딱 약령~중령기 즈음입니다. 독나방은 이 시기에 집단 생활을 하는데 오른쪽 페이지의 사진과 같은 광경을 마주한다면 고민하지 말고 곧장 그 자리를 떠야 합니다. 절대로 바람이 부는 쪽에 있으면 안 됩니다. 과감히 차독나방과 맞선다면 계절에 따른 바람 방향을 고려하고 복장도 꼭 신경 써야 합니다(204쪽).

부화한 시점에는 독털이 없습니다. 2령부터 독털로 무장해 대략 6~7령을 지냅니다. 모충 시기는 40~50일 정도입니다. 애벌레가 다 자랄수록 독털은 마구 늘어나 0.03~0.2mm밖에 되지 않는 독털이 50만 가닥까지 늘어납니다. 독나방에 비하면 양반일지도 모르겠지만 말입니다.

차독나방은 편식이 심해서 동백나무, 산다화, 차나무 등의 차나무과 식물에 집중적으로 서식합니다. 나쁜 소식은 이러한 나무가 주로 주택가나 공원에 있다는 것입니다. 하지만 약제를 뿌리면 어느 정도 효과가 있어서 발생을 억제할 수 있습니다.

예를 들어 스프레이 접착제를 분사해 독털이 날리는 것과 모충의 움직임을 방지한 뒤 모충을 한번에 없애는 방법이 있습니다. 스프레이를 분사할 때는 독털이 날릴 수 있으므로 완전히 무장한 복장을 하고 조심히 시행해야 합니다. 만일 눈에 들어가면 각막 손상을 일으킬 수 있으므로 주의가 필요합니다.

차독나방 *Arna pseudoconspersa* 태극나방과

촬영: 伊藤平彌氏

몸길이: 25~30mm
애벌레 시기: 4~9월
분포: 한국, 일본, 중국, 대만
식성: 동백나무, 산다화, 차나무 등의 차나무과 식물

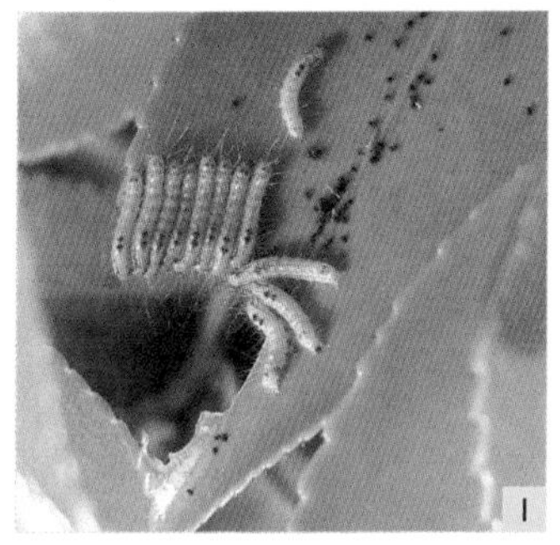
I

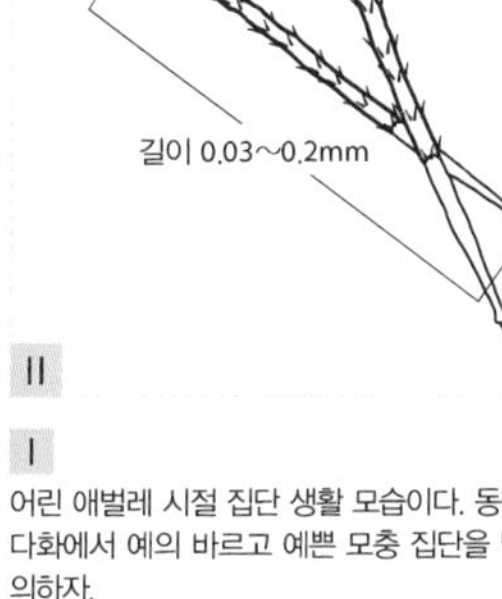

II

III

촬영: 築地琢郎氏

I
어린 애벌레 시절 집단 생활 모습이다. 동백나무나 산다화에서 예의 바르고 예쁜 모충 집단을 발견하면 주의하자.

II
차독나방의 독털이다. 독나방도 기본적인 구조는 같다. 털 주변에 미세한 가시가 나 있어 피부 등에 박히기 쉽다. 다 자랐을 때를 기준으로 개체당 약 50만 가닥이나 나 있다.

III
성충: 날개 편 길이 24~35mm. 복슬복슬한 갈색의 자그마한 나방으로 날개의 하얀 W 무늬가 눈에 띈다. 성충도 독을 지니고 있다.

화려한 독털 무장단
각종 독나방

독나방의 이름은 알더라도 알아볼 수 있는 사람은 많지 않습니다. 위험한 독나방을 먼저 기억해 둔다면 도움이 될 것 같습니다.

먼저 흰독나방은 일 년에 2~3회 발생합니다. 정원수, 공원수, 가로수 등에 모여 있고 반드시 피해를 끼칩니다.

무늬독나방은 일 년에 2회 발생합니다. 공원이나 잡목림에서 흔히 볼 수 있는데 다양한 식성 덕분에 이곳저곳에서 발견됩니다.

꼬마독나방은 일 년에 1~3회 발생합니다. 알아보기 위해서는 공부가 필요한 종이지만, 주택가 주변에서 흔히 발견할 수 있습니다. 모두 비슷하게 생겼지만 주변에는 독성이 없는데도 독나방과와 똑같이 생긴 모충도 많습니다. 아주 심오한 세계입니다.

독나방류의 독털이 피부에 닿으면 빨갛게 부으면서 강렬하고 집요한 간지러움 때문에 고생하게 됩니다. 이것이 1~2주일이나 지속되니 무척 괴롭지요. 독털에 찔린 것 같다면 흐르는 물이나 샤워기에 환부를 잠시 씻어내고 비누로 거품을 내서 가볍게 문지릅니다. 물기가 마르면 접착테이프를 붙여 피부에 남은 독털을 뽑습니다. 그리고 곧장 피부과에 가면 가려움증 관련 약을 처방받을 수 있습니다. 의류에 붙은 독털은 세탁해도 제거가 어렵습니다. 세탁 후에 옷을 입었더니 피부에 염증이 다시 생겼다는 이야기를 종종 듣습니다. 옷을 버리는 편이 가장 좋지만, 경험상 어느새 괜찮아질 때도 있답니다.

독나방을 키우는 것은 추천하지 않습니다. 관찰하고 촬영하는 정도의 예능이라면 공원에서 맘껏 즐길 수 있겠지만 궁금증에 접근하는 것은 위험합니다. 박멸 시에는 마스크, 장갑, 고글 등으로 피부 노출을 최소화하고 복장은 나일론 소재의 바람막이 점퍼를 입습니다. 면 재질에 비해 독털을 제거하기 쉽기 때문입니다.

흰독나방 *Sphrageidus similis* 태극나방과

몸길이: 20~25mm **분포:** 한국, 일본, 중국 **애벌레 시기:** 6월~이듬해 4월(애벌레 월동)
식성: 벚나무, 매화나무, 사과나무, 상수리나무, 졸참나무, 밤나무 등

무늬독나방 *Euproctis piperita* 독나방과

촬영: 一寸野虫氏

몸길이: 약 30mm **분포:** 한국, 일본, 중국, 사할린 **애벌레 시기:** 6월~이듬해 4월(애벌레 월동)
식성: 사방오리, 조롱나무, 진달래, 느티나무, 금작화 등

꼬마독나방 *Somena pulverea* 태극나방과

몸길이: 약 25~30mm **분포:** 한국, 일본, 대만 **애벌레 시기:** 4~7월(상세 불명)
식성: 사스레피나무, 벚나무, 장미류, 아까시나무 등

뜻하지 않은 오해와 억울함
독나방 친구들

일본에는 독나방이라는 이름이 붙은 나방이 약 60여종 존재합니다. 모두 털로 뒤덮여 있어서 보기만 해도 험악한 냄새를 풍기지만, 알고보면 독이 있는 종은 거의 없습니다. 이들의 명예 회복을 위해서라도 무독성인 종이나 의외로 아름다운 모습을 한 친구를 소개하려고 합니다.

먼저 사과독나방은 궁극의 아름다움을 뽐내는 화려한 모충입니다. 몸 색깔은 옅은 노란색으로 등에는 네 개의 털 뭉치가, 엉덩이에는 빨간 털 뭉치가 꼬리처럼 달려 있습니다. 화가 났을 때는 머리를 집어넣으면서 감추고 있던 등의 검은 반점을 내보입니다.

다음으로는 노랑갈대독나방(가칭) 최고급 모피를 두른 듯한 멋들어진 생김새입니다. 노란색과 베이지, 회갈색과 연두색이 절묘하게 어우러진 조형미는 신비롭기까지 합니다. 털의 길이와 털 뭉치의 모양 또한 감미롭습니다. 우아함의 극치를 보여 주는 이 모충은 강가의 갈대밭에서 발견할 수 있습니다.

콩독나방은 텃밭이나 정원에서 볼 수 있는 무독성 나비로 사람에 따라 가벼운 증세를 보이기도 합니다. 평범하게 생겼지만 실제로 보면 역동적이고 활달함을 잘 보여줍니다. 세상의 많은 변화 덕분에 아름다운 종을 찾아 촬영하는 재미도 쏠쏠합니다.

독나방류는 대부분 무독성(독침털 제외)이지만, 도감 등에 유독 표시가 없어도 강하게 맞닿아 발진이 생기는 경우나 사육하는 도중에 알레르기 반응을 일으키는 경우가 있습니다. 모두 개인차, 알레르기 성향, 그날의 몸 상태의 영향을 받으므로 유의할 필요가 있습니다.

사과독나방 *Calliteara pseudabietis* 독나방과

몸길이: 30~35mm
애벌레 시기: 6~10월
분포: 한국, 일본, 중국, 유럽
식성: 벚나무, 사과나무, 상수리나무, 졸참나무, 단풍나무류 등

노랑갈대독나방(가칭)[52] *Laelia gigantea* 독나방과

몸길이: 약 45mm
애벌레 시기: 6~10월
분포: 일본 혼슈~난세이 제도
식성: 갈대 등의 벼과 식물

콩독나방 *Cifuna locuples* 독나방과

몸길이: 35~40mm
애벌레 시기: 1년(애벌레 월동)
분포: 한국, 중국, 일본
식성: 대두, 등나무, 블루베리, 장미, 해당화 등 다수

---

52 학명 Laelia gigantea

사각지대에서의 전기 공격
노랑쐐기나방

노랑쐐기나방의 별칭은 전기벌레입니다. 노랑쐐기나방은 '가시 달린 내장' 같은 특이한 용모를 하고 있는데, 영문명인 slug caterpiller(민달팽이형 애벌레)에서 알 수 있듯 이 애벌레는 배다리가 없고, 위장이 꿈틀대듯 기어서 움직입니다.

노랑쐐기나방의 독은 히스타민이 주성분인 것으로 알려졌지만, 상세한 것은 아직 밝혀지지 않았습니다. 노란쐐기나방의 날카로운 가시에 찔리면 자극 물질이 주입되는데, 마치 감전된 것처럼 엄청난 통증이 덮쳐옵니다.

번데기가 되려고 할 때, 이들은 가장 좋아하는 장소로 가서 표면을 깎아냅니다. 주로 나뭇가지가 갈라진 부분인데 환경에 따라 생략하는 경우도 있습니다. 좋아하는 장소에서 계란형 고치를 만드는데, 재주가 아주 좋습니다. 몸 주변에 실을 타원형으로 두른 후, 전신을 이용해 형태를 조정하여 틀을 만듭니다. 그리고 실을 겹쳐 3~5겹짜리 구조가 되게끔 세심하게 실을 짜냅니다.

그리고 엉덩이에서 나온 하얀 액체를 온몸을 이용해 발라 줍니다. 이 액체는 옥살산 칼슘이 주성분인데, 잎의 섭식, 소화 과정에서 나온 노폐물을 신장과 같은 역할을 하는 말피기관에 저장해 놓은 것입니다. 이것을 칠하면서 입에서는 옅은 갈색의 점액질을 토해내는데, 점액질의 주성분은 단백질입니다. 이 모든 것이 어우러지면 견고한 고치가 완성됩니다. 실험에 따르면 약 6~8kg의 하중도 견딜 수 있다고 하니 놀라울 따름입니다. 이 일은 하루 만에 끝나지 않기에 바스락거리며 일하는 소리가 3일 꼬박 들려옵니다. 위험한 벌레지만 왠인지 감동이 느껴집니다(이렇게나 견고한 요새지만, 조류나 기생벌 등에게 자주 습격당합니다⇒오른쪽 사진).

노랑쐐기나방 *Monema flavescens* 쐐기나방과

몸길이: 약 25mm **분포:** 한국, 일본, 대만, 중국, 북아메리카 **애벌레 시기:** 7~10월
식성: 감나무, 매화나무, 사과나무, 배나무, 벚나무, 상수리나무, 버드나무 등

협력: 神奈川県立生命の星・地球博物館

I

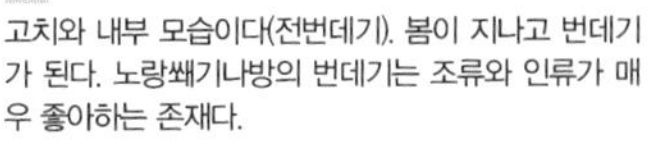

고치와 내부 모습이다(전번데기). 봄이 지나고 번데기가 된다. 노랑쐐기나방의 번데기는 조류와 인류가 매우 좋아하는 존재다.

II

견고한 노랑쐐기나방의 고치에 기생하는 청벌이다. 하늘을 나는 보석 같은 모습을 한 성충은 송곳 같은 산란관으로 구멍을 뚫어 산란한 뒤 떠난다.

III

성충: 날개 편 길이 32~34mm. 주황빛을 띤 노란 나방으로 복슬복슬하고 부드러운 감촉이다. 등불에 모이는 습성이 있는데 성충은 무독성이다.

주목할 만한 전기 벌레
각종 쐐기나방

일본에 서식하는 쐐기나방은 약 35종입니다. 그중에서 독을 가진 종은 일부분입니다. 그렇지만 주변에서 흔히 볼 수 있는 녀석 중에서 독을 가진 종이 많으므로 조심해야 합니다. 그중에는 또 본 적 없는 새로운 얼굴이 꽤 섞였습니다.

남방쐐기나방은 빼어나게 아름다운 종 중에 하나입니다. 화려한 색채와 돌기의 균형, 진갈이 아주 절묘합니다. 지속성은 없으나 손에 물이 닿으면 전기 충격이 가해집니다.

둥근하늘쐐기나방(가칭)은 1920년경에 아시아 대륙에서 건너온 외래종입니다. 1980년 전후로 규슈에서부터 북상하고 있는데, 지금은 기타간토에서도 볼 수 있습니다. 최근 급속도로 세력을 확장하고 있는 요주의 종으로, 날카로운 통증을 주는 유독성 가시를 말미잘처럼 원형으로 늘어놓습니다.

뒷검은푸른쐐기나방은 재래종이지만 최악의 쐐기나방 중 하나입니다. 화려한 색깔 덕에 헷갈릴 일은 없지만, 다른 쐐기나방류와 비슷하게 잎 아래에 숨어 있기 때문에 눈치채지 못하는 경우가 많습니다. 가시의 위력이 엄청나서 그 통증은 쐐기나방 중에서도 가장 오래 가는 것으로 알려져 있습니다.

쐐기나방을 키우는 것은 무척 쉽습니다. 유독 아름다운 탈피 직전의 모습과 나무 위에서만 고치를 만드는 게 아닌 땅속의 모습들은 보고 있으면 즐겁습니다.

배다리가 퇴화했다고는 하지만 이동 능력이 뛰어나서 방심하면 채집통에서 탈주하고 맙니다. 유독성 쐐기나방이 일곱 마리나 탈주했을 때는 한숨도 자지 못했답니다.

남방쐐기나방 *Phlossa conjuncta* 쐐기나방과

몸길이: 약 20mm
애벌레 시기: 8~9월
분포: 한국, 일본, 중국
식성: 상수리나무, 자귀나무, 가래나무 등

둥근하늘쐐기나방(가칭)[53] *Parasa lepida* 쐐기나방과

촬영: 金杉隆雄氏

몸길이: 약 15mm **분포:** 일본 기타간토~난세이 제도 **애벌레 시기:** 6~10월
식성: 벚나무, 매화나무, 단풍나무, 목련, 감나무, 느티나무 등 다수

뒷검은푸른쐐기나방 *Parasa sinica* 쐐기나방과

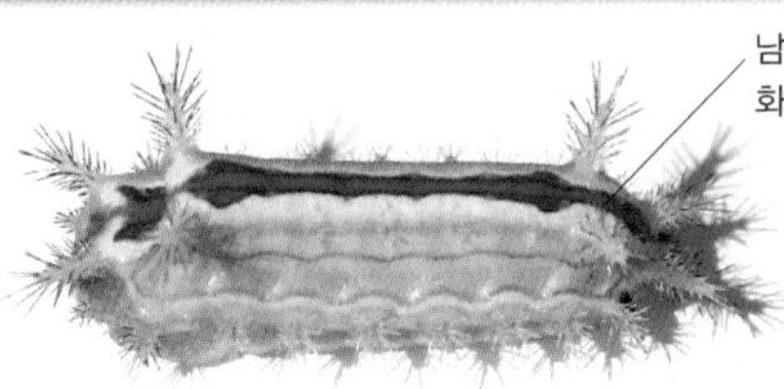

몸길이: 약 10mm **분포:** 한국, 일본, 대만, 중국, 러시아 **애벌레 시기:** 7~10월
식성: 벚나무, 배나무, 나무딸기류, 차나무, 감나무, 밤나무 등 다수

53 학명 Parasa lepida subsp. lepida lepida

수풀의 자객
알락나방과

일반적이지는 않지만 야외에서 연구하는 사람이나, 농장, 원예가 사이에서는 유명합니다. 각종 벚나무를 비롯해 복숭아, 배, 살구, 자두, 아그배 등의 과일나무에도 서식하는 벚나무알락나방은 어느새 몸에 붙어서 귀찮게 굽니다. 몸 위를 꿈틀거리며 지나가는 것은 무해하지만 그 털을 만지면 엄청난 통증이 엄습합니다. 빨간 배, 허리 높은 벌레라는 별칭이 있는데, 배가 빨갛고 허리를 들어 올린 자세로 쉬고 있어서 붙은 이름입니다.

벚나무알락나방의 몸은 작고 땅딸막하며 통통합니다. 녹슨 철 같은 색깔을 띠고 있으며, 머리는 칠흑 같습니다. 자그마한 말미잘이 붙어 있는 듯한 가시털이 온몸에 나 있는데, 이것을 만지면 타오르는 듯한 통증에 깜짝 놀라게 됩니다. 가시 내부는 비어 있지만 모근 근처의 분비샘에서 옅은 색깔의 동액이 나와서 가시를 채웁니다. 가시는 무척 잘 만들어져 표면이 대나무 마디처럼 튀어나와 있으며, 한 번이라도 찔리면 곧바로 빠지지 않게 됩니다. 우리 주변에서 흔히 볼 수 있지만 잘 알려지지 않은 강력한 통증 모충입니다.

대나무쐐기알락나방은 잡목림이나 길가의 대나무, 조릿대 숲에 서식합니다. 봄과 가을에 조릿대 표면이 깎여 하얀 막만 남아 있는 것을 발견한다면 주의가 필요합니다. 애벌레가 단체로 줄을 지어 식탁으로 향하고 있다는 증거입니다.

몸길이는 2cm 정도로 작지만, 존재감은 엄청납니다. 체더치즈를 떠올리게 하는 선명한 노란색에 검은 혹이 나 있지요. 이 혹에서 자라나는 하얀 털은 독털입니다. 독성이 무척 강해서 벚나무알락나방보다도 날카로운 통증을 가져오고 간지러움도 심하다고 합니다. 통증이 없어질 때까지 1~2주나 걸리기에 주의가 필요합니다.

벚나무알락나방 *Illiberis rotundata* 알락나방과

몸길이: 약 20mm **분포:** 한국, 일본
애벌레 시기: 9월~이듬해 5월(애벌레 월동)
식성: 매실나무, 복숭아나무, 벚나무, 아그배나무, 사과나무, 배나무, 살구나무 등

성충: 날개 편 길이 약 23~26mm

대나무쐐기알락나방 *Artona martini* 알락나방과

몸길이: 약 20mm **분포:** 한국, 일본
애벌레 시기: 3~9월
식성: 조릿대, 죽순대, Arundinaria, Pleioblastus chino 등

촬영: 築地琢郎氏

성충: 날개 편 길이 약 20mm

숲과 밭의 거대 병기
솔나방 3종

솔나방을 관찰하고 촬영할 때면 저도 모르게 어금니를 꽉 물게 됩니다. 축 처진 피부, 이상할 정도로 큰 몸집, 소름 끼치는 납작함은 닭살을 돋게 만들고 불쾌감까지 느끼게 만듭니다. 솔나방의 얼굴은 마치 패잔병과도 같아서 길고, 크고 납작한 것이 꿈틀거리는 모습을 보면 기절할 것만 같습니다.

톱날버들나방은 봄과 가을, 연 2회 나타나는데 월동해 봄을 맞이한 개체가 특히 커다랗습니다. 누군가 애벌레를 괴롭히면 등에서 검푸른 털 뭉치를 쭉 뺍니다. 그다지 위협적이지는 않지만 애벌레는 기세등등한 모습입니다. 이 털은 독털이지만 만져도 염증을 일으키지는 않습니다. 이 독털의 끝은 주걱처럼 생겼는데, 우리 피부에는 꽂히지 않습니다. 하지만 염증 반응이 나타나는 사람도 있다고 합니다.

벚나무나 매화나무, 복숭아나무를 먹어 치우는 해충으로 알려졌지만 마냥 무익한 생물은 아닙니다. 부화 후에는 집단생활을 하는데, 근처에 쌍살벌의 집이 있으면 100마리 정도 있던 애벌레는 차례대로 유괴당해 쌍살벌 애벌레의 먹이가 됩니다. 천적에게 먹잇감이 되는 소중한 모충이 천적의 존재를 유지 시키는 데에 한몫하고 있습니다. 쌍살벌 자체도 해충으로 알려졌지만, 사실 정원이나 밭에 사는 주요 해충을 박멸하는 사냥꾼 역할을 하는 셈입니다.

섭나방의 독성에 대해서는 문헌에 따라 차이가 있는데, 섭나방은 틀림없는 유독성 애벌레입니다. 벚나무 줄기에 딱 붙어 있는 모습을 볼 수 있으며, 라즈베리 등의 나무딸기류에도 서식합니다. 나무줄기 채로 쓰레기통에 넣어도 되고, 가죽 장갑을 끼고 건드려서 독털을 구경해 보아도 좋을 것입니다.

대나방은 무척 미려하고 풍만한 몸매의 모충이지만, 이 역시도 유독성 애벌레입니다.

톱날버들나방 *Gastropacha orientalis* 솔나방과

몸길이: 약 90mm **분포:** 한국, 일본, 중국 **애벌레 시기:** 약 1년(애벌레 월동)
식성: 복숭아나무, 매화나무, 벚나무, 사과나무, 배나무, 수양버들 등

섭나방 *Kunugia undans* 솔나방과

몸길이: 85~100mm **분포:** 한국, 일본, 러시아,
애벌레 시기: 5~7월 **식성:** 상수리나무, 졸참나무, 밤나무, 사과나무, 나무딸기류 등

대나방 *Euthrix albomaculata* 솔나방과

몸길이: 약 60mm **분포:** 한국, 일본, 중국, 러시아
애벌레 시기: 10월~이듬해 8월(애벌레 월동) **식성:** 대나무, 조릿대, 얼룩조릿대, 억새, 갈대 등

참고문헌

단행본

福田晴夫ほか,『原色日本昆虫生態図鑑Ⅲ チョウ編』, 保育社, 1972.

六浦 晃・山本 義丸・服部伊楚子・一色周知, 一色周知,『原色日本蛾類幼虫図鑑(上)』, 保育社, 1965.

六浦 晃, 一色周知,『原色日本蛾類幼虫図鑑(下)』, 保育社, 1969.

『日本産幼虫図鑑』, 学習研究社, 2005.

川上洋一, みんなで作る日本産蛾類図鑑,『庭のイモムシ・ケムシ』, 東京堂出, 2011.

川上洋一, みんなで作る日本産蛾類図鑑,『道ばたのイモムシ・ケムシ』, 東京堂出版, 2012.

安田 守, 中島秀雄・高橋真弓,『イモムシハンドブック』, 文一総合出版, 2010.

白水 隆 ,『日本産蝶類標準図鑑』, 学習研究社, 2006.

高橋正三,『昆虫の行動』, 化学同人, 1987.

藤崎憲治,『昆虫未来学』, 新潮社, 2010.

水波誠,『昆虫ー驚異の微小脳』, 中公新書, 2006.

日本自然保護協会資料集第50号,『自然しらべ2011 チョウの分布 今・昔』, 日本自然保護協会, 2011.

藤崎憲治、佐久間正幸、西田律夫,『昆虫科学が拓く未来』, 京都大学学術出版会, 2009.

太田次郎,『チョウは零下196度でも生きられる』, PHP研究所, 1997.

駒井古実, 吉安裕, 那須義次, 斉藤寿久,『日本の鱗翅類』, 東海大学出版部, 2011.

참고・인용 논문(영문)

Angersbach,D., " The direction of incident light and its perception in the control of pupal melanization in Pieris brassicae", *Journal of Insect Physiology* 21:10(1975),pp.1691–1696.

Dethier,V.G., " The dioptric apparatus of lateral ocelli. II. Visual capacities of the ocellus", *Journal of Cellular and Comparative Physiology* 22:2(1943),pp.115–126.

Hojo,M.K.,Wada–Katsumata,A.,Akino,T.,Yamaguchi,A.,Ozaki,M. and Yamaoka,R., "Chemical disguise as particular caste of host ants in the ant inquiline parasite Niphanda fusca (Lepidoptera: Lycaenidae)", *Proc. R. Soc. B* 276(2009),pp.551–558.

Ichikawa,T. and Tateda,H., "Distribution of color receptors in the larval eyes of four species of lepidoptera", *Journal of comparative physiology* 149:3(1982),pp.317–324.

Ide,J., " Ontogenetic changes in the shelter site of a leaf–folding caterpillar, *Vanessa indica*", *Entomologia Experimentalis et Applicata* 130:2(2009),pp.181–190.(Abs).

Isobe,Y.,Yamaguchi,S.,Wada,A.,Yamaoka,R.,Ozaki,M.,"Taste–enhancing Effects of Glycine on the Sweetness of Glucose", *Chemical Senses* 26:8(2001),pp.983–992(10).(Abs).

Kayser,H. and Angersbach,D., " Dose effects in light–controlled pupal melanization in Pieris brassicae: Specificities to spectral ranges", *Journal of Insect Physiology* 21:3(1975),pp.589–594.

Kim,D.K., Kang,Y.K.,Lee,M.Y.,Lee,K.G.,Yeo,J.H.,Lee,W.B.,Kim,Y.S. and Kim,S.S., " Neuroprotection and enhancement of learning and memory by BF–7", *J.Health. Sci.*, 51(2005),pp.317–324.

Lin,J.T.,Hwang,P.C. and Tung,L.C., " Visual Organization and Spectal Sensitivity of Larval Eyes in the Moth Trabala vishnou Lefebur (Lepidoptera:Lasiocampidae)", *Zoological Studies* 41:4(2002),pp.366–375.

Markl,H.,Tautz,J., "The Sensitivity of Hair Receptors in Caterpillars of *Barathra brassicae* L.(Lepidoptera,Noctuidae) to Particle Movement in a Sound Field", *J.comp.Physiol.* 99(1975),pp.79–87.

Pare,P.W. and Tumlinson,J.H., " Plant Volatiles as a Defense against Insect Herbivores", *Plant Physiology* 121(1999),pp.325–331.

ScienceDaily, " Heart of silk: Scientists use silk from the tasar silkworm as a scaffold for heart tissue",2012,http://www.sciencedaily.com/releases/2012/01/120127135943.htm

Tautz,J.,Rostás,M., " Honeybee buzz attenuates plant damage by caterpillars", *Current Biology* 18:4(2008),pp.R1125–R1126.

Tautz,J.,Markl,H., " Caterpillars Detect Flying Wasps by Hairs Sensitive to Airborne Vibration", *Behavioral Ecology and Socioblology* 4(1978),pp.101–110.

Toh,Y.,Sagara,H.,"Ocellar system of the swallowtail butterfly larva: I .Structure of the lateral ocelli", *J.Ultrastruct.Res.* 78(1982),pp.107–119.(Abs)

Wellington,W.G.,"Solar heat and plane polarized light versus the light compass reaction in the orientation of insects on the ground", *Annals of the Entomological Society of America* 48:1–2(1955),pp.67–76.

참고 · 인용 논문(일문)

青柳昌宏," ドクガ幼虫の天敵モモクロサムライコマユバチおよびドクガヤドリバエに関する観察 ",衛生動物 8:3(1957),pp.122–126.

伊東拓也,高橋健一,"1996年北海道南西部におけるドクガ幼虫の大発生",道衛研所報 47(1997),pp.40–45.

石井象二郎,井口民夫,金沢純,富沢長次郎," イラガの繭 Ⅲ.繭の組成と硬さ ",日本応用動物昆虫学会誌 28:4(1984),pp.269–273.

石井実,"日本産チョウ類の近年の分布変化",昆虫と自然 37:1(2002),pp.2–3.

糸川英樹,加納六郎,中嶋暉躬,安原義," 日本産有毒鱗翅目の毒針毛, 毒棘中の発痛性アミンのヒスタミンおよびセロトニンの定量",衛生動物 36:2(1985),pp.83–86.

上島法博,"ドクガの生態学的研究",名古屋女学院短期大学紀要 5(1958),pp.53–59.

大串龍一,"セミヤドリガの生活史並びに奇主選択について",昆虫 20:3 · 4(1954),pp.94.

岡島銀次,武田徳雄," 刺虫 Cnidocampa flavescens Walker の生態学的研究 ",鹿児島高農報 10(1932), pp.219–299.

緒方一喜," ドクガEuproctis flavaとその病害に関する研究 第一編 外部形態学的研究 ",衛生動物 9:3 (1958),pp.116–129.

川西祐一,伴野豊,藤本浩文,中島裕美子,前川秀彰," カイコとクワコの進化的繋がり=転移因子研究との関わりを含めて=",Entomotech 32(2008),pp.79–86.

川本文彦," 有毒鱗翅類毒針毛に関する研究 第2報 ドクガ毒針毛の毒素について ",衛生動物 29:2(1978),pp. 175–183.

菊池邦夫,"天蚕の飼育を試みて",北海道大学農学部附属農場技術業務報告 1(1997),pp.105–109.

北原正彦,入來正躬,清水剛,"日本におけるナガサキアゲハ(Papilio memnon Linnaeus)の分布拡大と気候温暖化の関係",蝶と蛾 52:4(2001),pp.253–264.

北原曜," スジグロシロチョウとエゾスジグロシロチョウの種間関係 (I) 人工交雑の結果",蝶と蛾 60:1(2009), pp.81–91.

木下充代,"アゲハが見ている「色」の世界",比較生理生化学 23:4(2006),pp.212–219.

黒田哲,"北海道産エゾスジグロシロチョウ Pieris napi の道南地域 (ヤマトスジグロシロチョウ) と道東地域 (エゾスジグロシロチョウ)の交配結果",やどりが 217(2008),pp.5–10.

今野浩太郎,"食べられまいとする植物と食べようとする昆虫の攻防——グリシンの栄養阻害物質中和作用",化学と生物 3:9(1996),pp.580–585.

崔相元,"野蚕繭からの新規生理活性物質の同定と機能解析",岩手大学博士論文(2009).

坂井誠,"シジミチョウ科及びウラギンシジミ科幼虫の発音行動とアリとの関係(行動学)",日本応用動物昆虫学会大会講演要旨 39(1995),pp.103.

笹川満広,山崎昌三郎," オオスカシバ幼虫の体色と発育に及ぼす生息密度の影響 ",日本応用動物昆虫学会誌 11:4(1967),pp.157–163.

塩尻かおり," 生態系における生物間化学情報ネットワーク ",日本応用動物昆虫学会誌 48:3(2004),pp.169–176.

塩尻かおり,前田太郎,有村源一郎,小澤理香,下田武志,高林純示," 植物―植食者―天敵相互作用系における植物情報化学物質の機能",日本応用動物昆虫学会誌 46:3(2002),pp.117–133.

塩尻かおり,高林純示,矢野修一,高藤晃雄," モンシロチョウ幼虫の油滴をめぐるアオムシコマユバチとアリの相互作用(生態学)",日本応用動物昆虫学会大会講演要旨 45(2001),pp.9.

神保宇嗣,"『日本の鱗翅類』第Ⅲ部・日本の鱗翅類相",東海大学出版会(2011), pp. 499–511.

杉本美華,"日本産ミノガ科のミノの形態(1)",昆蟲(ニューシリーズ) 12:1(2009),pp.1–15.

杉本美華,"日本産ミノガ科のミノの形態(2)",昆蟲(ニューシリーズ) 12:1(2009),pp.17–29.

竹内将俊,田村正人," ウリキンウワバ幼虫のウリ科寄生植物上でのトレンチ行動 ",日本応用動物昆虫学会誌 37:4(1993),pp.221–226.

田中章,"自然界におけるクロアゲハとモンキアゲハの交雑",蝶と蛾 17:1・2(1967),pp.28–31.

堤千里,"数種鱗翅目幼虫の未知の毒毛について",衛生動物 11:4(1960),pp.168–172.

堤千里,"ドクガ幼虫の毒針毛形成について(予報)",昆蟲 26:2(1958),pp.110–113.

津吹卓,生亀正照,"ツマグロヒョウモンの北上の原因を探る (1)東京都日野市におけるツマグロヒョウモンの発生消長およびパンジーの入荷量・栽培方法を基にして",蝶と蛾 59:2(2008),pp.154–164.

中山忠宣," アゲハチョウ類の奇主選択及び奇主転換に関する化学生態学的研究(1)",昆虫と自然 40:2(2005),pp.32–35.

中山忠宣," アゲハチョウ類の奇主選択及び奇主転換に関する化学生態学的研究(2)",昆虫と自然 40:3(2005),pp.32–35.

西田律夫,熊沢善三郎,深海浩," ジャコウアゲハの食草成分 Aristolochic acidの摂食刺激および虫体内蓄積作用",日本応用動物昆虫学会大会講演要旨 27(1983),pp.67.

針山孝彦,堀口弘子,植野由佳,弘中満太郎,"節足動物の視覚系とその行動",VISION 17:1(2005),pp.27–38.

久川健,"ツマグロヒョウモン Argyreus hyperbius Linneの幼虫について(第Ⅱ報)",蝶と蛾 16(1966),pp.68–73.

平尾和子,塚越幸子,五十嵐喜治,"絹フィブロイン起泡粉末の給与がラットの血清コレステロール濃度に及ぼす影響",日本栄養・食糧学会誌 52:4(1999),pp.219–223.

細谷純子,"チャドクガに関する二三の観察",衛生動物 7:2(1956),pp.77–82.

北海道立総合研究機構林業試験場,"マイマイガの生態・被害・防除 Q&A",2010.

本田計一,"ジャコウアゲハ成虫の香気物質",日本応用動物昆虫学会大会講演要旨 23(1979),pp.84.

松田真平," ヤマトスジグロシロチョウとエゾスジグロシロチョウの学名に関する問題 ",やどりが 219(2009),pp.26–41.

山中明,"2種の鱗翅目昆虫の環境および季節適応に関わる神経内分泌学的研究",広島大学総合科学部紀要Ⅳ理系編 27(2001),pp.169–172.

山崎正敏,山口勝幸,伊賀幹夫," アゲハ幼虫に対するアシナガバチ類の捕食と主要種セグロアシナガバチの巣の発展との関係",日本応用動物昆虫学会誌 24:1(1980),pp.28–30.

山下幸司,"チャを加害するニトベミノガに対する Bacillus thuringiensis 製剤の殺虫効果",Ann. Rept. Kansai Pl. Prot. 54(2012),pp.175–176.

山野勝次,"コウモリガ幼虫によるケーブルの被害とその防除対策(I)",家屋害虫 17,18(1983),pp.46–55.

山本圭一郎," カイコフィブロインペプチド混合物の老化マウスに対するアンチエイジング機能の解析",岩手大学大学院(2012).

山本義丸,"オオミズアオの幼虫について",蝶と蛾 11:4(1960),pp.52–54.

行成正昭,"カレハガの観察例",やどりが 185(2000),pp.28–30.
吉武成美,"『家蚕の起源と分化に関する研究序説』",東京大学農学部養蚕学研究室 (1988).

웹사이트

『日本産蝶類和名学名便覧』 猪又敏男、植村好延、矢後勝也、上田恭一郎、神保宇嗣
http://binran.lepimages.jp/

『日本産蛾類総目録 2004–2008』 神保宇嗣
http://listmj.mothprog.com/

취재 협력(이하, 경칭 생략)

HONDA silk works(ホンダ・シルク・ワークス) /本多祐二 ・ 本多さくら
安曇野市天蚕センター /望月陸、木口和英、小川文人
神奈川県立生命の星 ・ 地球博物館/渡辺恭平
食用昆虫科学研究会/佐伯真二郎
群馬県立ぐんま昆虫の森/金杉隆雄
国立科学博物館(動物研究部 陸生無脊椎動物研究グループ) /神保宇嗣
ソーラーネット
(有)エルガ/櫻井薫・櫻井文、小針和久、山崎誠、加藤水生
ガーデン工房 結/向井康治
NPO法人しゃぼん玉の会/吉村史朗、五井幸子、中村岳人、小宮豊隆、渡辺政治
小川町小瀬田プロジェクト/桑原衛

사진 제공(이하, 경칭 생략)

佐伯真二郎、伊藤平彌、金杉隆雄、築地琢郎、上山智嗣、一寸野虫

특별 협력(이하, 경칭 생략)

望月陸、本多祐二・本多さくら、岩崎充利 ・ 岩崎民江、大久保茂徳、高山直人、武田卓郎、武田草、寺尾眞次、森綾子、森ひとみ
益田賢治(SBクリエイティブ 科学書籍編集部 編集長)

IMOMUSHI NO FUSHIGI

하루 한 권, 애벌레의 신비

초판 인쇄 2023년 10월 31일
초판 발행 2023년 10월 31일

지은이 모리 아키히코
옮긴이 김나정
발행인 채종준

출판총괄 박능원
국제업무 채보라
책임편집 박민지 · 이루오
마케팅 문선영
전자책 정담자리

브랜드 드루
주소 경기도 파주시 회동길 230 (문발동)
투고문의 ksibook13@kstudy.com

발행처 한국학술정보(주)
출판신고 2003년 9월 25일 제 406-2003-000012호
인쇄 북토리

ISBN 979-11-6983-706-4 04400
979-11-6983-9178-9 (세트)

드루는 한국학술정보(주)의 지식 · 교양도서 출판 브랜드입니다.
세상의 모든 지식을 두루두루 모아 독자에게 내보인다는 뜻을 담았습니다.
지적인 호기심을 해결하고 생각에 깊이를 더할 수 있도록, 보다 가치 있는 책을 만들고자 합니다.